南極と北極
地球温暖化の視点から

山内 恭 著

SCIENCE PALETTE

丸善出版

はじめに

　地球温暖化の中で，南極，北極ではどのような変化が起こっているのか．また，南極や北極の変化（温暖化）が巡り巡って，私たちの住む日本に，そして世界にどう影響していくのだろうか．

　激しい温暖化が進み，夏の海氷の広がりが著しく小さくなってしまった北極．このままいけば，今世紀中頃には夏は氷がなくなって一面海になってしまうのではないかと懸念されている．こうした北極の気候とその成り立ち，将来の姿を明らかにしようと，2011年にグリーン・ネットワーク・オブ・エクセレンス事業（GRENE）北極気候変動分野が始まった．わが国の，北極に関心のある研究者が総力を挙げたオールジャパンといっても過言ではない，5年間の画期的大プロジェクトであった．このプロジェクトのマネージャーを筆者が務めることとなり，これまで自分の専門でなかった多くの研究とも触れることとなった．

　一方，長く観測・研究を続けてきた南極であるが，南極半島を除いてこちらはあまり温暖化が進んでいない．同じ地球温暖化の下にあって，なぜこうも南極と北極は違うのだろう

か．長年続けてきた観測や最近の新しい観測をふまえ，南極の温暖化が抑えられていること，それでも氷が融かされていて，いずれ海面上昇につながる心配があることを見ていこう．

すでに10年以上前になるが，『南極・北極の気象と気候』という小著を執筆した．その中では，基本的な気象・気候の議論を進めた．今回は，前著では踏み込めなかった温暖化の問題，5年前に定年退職してからずっと考えてきたこと，多くの方々に講義や講演を通して語ってきたこと，さらには，GRENE北極気候変動研究を進める中で得られた成果をまとめてみた．南極，北極は決して遠くにある，無関係な所ではなく，そこで起こっていることが私たちの日本に，そして世界中に大きな影響を与えている．いい換えれば，私たちの行動が南極，北極のこれからに影響するのである．まさに，200万年続いた，安定な気候系（氷期—間氷期の変動はあったが）を崩すかもしれない，寝た子を起こしてしまうかもしれない瀬戸際にきているのである．

本書の構成をお話ししておこう．第1章から3章までがイントロダクション．第1章は南極・北極の研究がどのようにして始まってきたかの歴史を，第2章は南極，北極の基本的な姿を紹介，第3章で地球温暖化とはどういうことかを復習する．第4章，第5章ではGRENE北極気候変動研究で行った代表的研究のいくつか，とくに北極温暖化増幅に関わることを紹介する．第6章では最近の新しい南極観測を紹介し，第7章で南極の温暖化に焦点を当て，なぜ温暖化が抑えられているか，なぜ北極と南極の温暖化に違いがあるのかについて触れる．第8章は，南極，北極で行われた氷床コア掘削か

らわかった長い時間スケールの気候変化を見たうえで，さらに南極・北極がつながっている驚きの関係を紹介する．最後に第9章で，近年の温暖化により世界の海面水位が上昇する問題から，南極，北極の置かれた国際情勢に触れつつ，私たちはどうしていけばよいかを考える．

2020年10月

山内　恭

目　次

第1章

極地観測の歴史
――極地探検から極域科学研究へ

> 温暖化や地球環境の問題に取り組み，活発となった南極，北極の研究だが，どういういきさつで，ここまでたどり着いたか，歴史と歩みを見ていこう．

北極探検から国際極年（IPY）へ

北極地域は決して人類未踏の場所ではなく，人類は4万年前からシベリアの北部にまで勢力圏を広げていたといわれている．最終氷期極大期の2万〜1万5千年前頃には，海面水位が低く，アラスカとシベリア東部は陸続きになっていたため，今ではベーリング海峡に当たる場所（ベーリング地峡という）を通って人々はアメリカ大陸に渡り，ほどなく南米南端まで広がったとのことである．南極大陸以外，すべての大陸に広まった，現生人類，ホモサピエンスの行動力には驚かされるばかりである．そこで，ここに述べる「探検」は，ヨーロッパ人による探検ということになる．すでに紀元前から北を目指す探検は始まっていたようだが，探検が活発になる

のは 15 世紀に入ってから，当時の覇権国スペインやポルトガルが新大陸を目指して，またアジアを目指して南回りの海路が独占されるようになってからのことである．新興国のオランダとイギリスは，アジアへの抜け道を探そうと，北方迂回路としての北極海を通る航路を開拓する必要が生じた．そこで進められたのが，ユーラシア大陸に沿う北東航路，北米大陸側を通る北西航路，それに北極中心を横断してしまおうという北々航路であった．しかし，いずれの航路も通過するまでには至らなかった．

　時代が進んで，1800 年代にようやく見通しが出てきた．図 1.1 に列記したように，アドルフ・エーリク・ノルデンショルドはベガ号で，1878〜79 年に北東航路の通過を成しとげた．北西航路では，1845 年のジョン・フランクリンの大探検隊の遭難を経て，1850〜54 年，ロバート・マクルーアは 2 隻の船とソリを乗り継いで初の通過を成し，さらに1903〜06 年にロアール・アムンセンにより船舶（ユア号）だけでの通過に至った．北々航路については，何人かが試みたが成功せず，その目的は北極点到達に変わった．1909 年 4 月 6 日，アメリカ人ロバート・ピアリーが北極点初到達を成しとげている．この報を聞き，北極点を目指していたアムンセンは方向転換して南極点を目指すことになったし，白瀬矗（しらせのぶ）も同じであった．1926 年にはアムンセンが今度は飛行船ノルゲ号により北極点到達を果たし，さらに航空機でも1930年，北極点到達を達成したが，帰路行方不明になり遭難した．

　時代はさかのぼるが，フリチョフ・ナンセンは 1893 年，北極海横断・北極点到達を目指しながら途中でその船，フラ

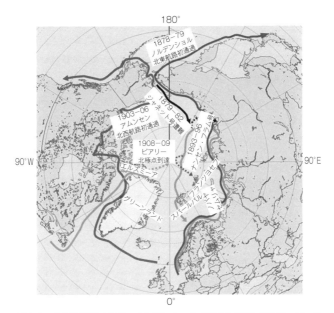

図 1.1 北極海探検の航路. ノルデンショルドの北東航路（濃灰）, デ・ロングのジャネッタ号遭難（1879〜82 年）（黒）, ナンセンのフラム号漂流航路と徒歩経路（薄灰と点線）, アムンセンの北西航路（灰）, ピアリーの北極点到達（薄灰と点線）.

ム号が氷に閉じ込められたので, 船を降りて徒歩で北極点を目指し, 一方船は氷とともに流されスバールバル諸島にたどり着いた（図 1.1）. このことで, 北極海中央には大陸はないこと, また氷が流された海流（北極横断流）の存在も実証した. 本人は北極点到達には至らなかったが, 徒歩を続け, 無事フランツ・ヨセフ諸島にたどり着き, 救助され, 1896 年, 船もろとも生還した. 北極の理解を増した, 大変な偉業であ

った．その後，アムンセンの南極行きにも使われたフラム号は，氷の圧力に押しつぶされないようお椀型に設計された優れた船で，今でも現物をノルウェー，オスロの博物館で見学することができる．

さて，このような北極探検は，痛快であるものの，国同士の競争になり，ナショナリズムの高揚には役立つが，科学の進展には役立たない．北極を科学的に調査・解明するためには，一国ではだめで，もっと国際的に協力してやっていかねばならないとの認識に至ったオーストリア軍人・探検家カール・ワイプレヒトの提唱に基づき，1882〜83年，12か国の研究者が集まり，北極海を囲む12か所の観測網を構築し，地球物理，気象，生物の観測を実施した．これが国際極年（IPY：International Polar Year）である．現在でも，これだけ揃った観測網で共同観測することは難しく，極めて先駆的な優れた活動であったと評価されている．ただし，その観測結果は必ずしも生かし切れておらず，2000年代に入ってから，その結果が論文で示されて驚いている（Wood & Overland, 2006）．ちなみにわが国は，直接参加するだけの実力を持っていなかったが，国内の観測で協力したほか，東京気象台で天気図が初めて作られるようになり，東京気象学会（後の日本気象学会）が創設されるなどした．

50年後，1932〜33年には，進展した世界の地球科学を背景に第2回国際極年（IPY-2）が実施されることになった．新たに発見された地球を巡るジェット気流についてより詳細に調査すること，地磁気，磁気圏の描画などを主題として，気象や電波観測などが中心となった．わが国も，IPY-2に参

加表明した 40 か国の一員として，樺太での地磁気観測を開始したとともに，富士山頂の気象観測所を開設している．

　この流れの中，少し後になるが，1937 年より，ソ連により海氷漂流基地「北極 1 号」（North Pole 1；NP–1）が北極点近くの海氷盤上に設置された．広い北極海に観測基地がないため，なんとか観測点を設けようということで始められた．船や航空機で補給しつつ，気象や海洋の観測をしようというものである．5 月 22 日朝，最初の気象通報が北極 1 号から報じられ，以後 274 日間にわたって 4 人が観測を続けた．その後，第二次世界大戦で一旦は休止されたが，戦後 1950 年から復活，北極 2 号が始まった．海氷漂流基地は北極海を巡り，最後は北極海から流れ出るか途中で壊れてしまうかで，観測は中断してしまう．すると，次の新しい海氷盤を探し新しい基地にするということで，最短で 264 日，最長で 3120 日だったそうである．1971 年 7 月まで，延べ 31 の漂流基地が設けられ，冷戦の終結による戦略的価値の低減と経済的困難から一旦は終了となったが，50 年にわたり貴重なデータを提供し続けてきた．その後，ロシアになってから復活し，41 号，2000 年まで続けられたが，近年の海氷状況の悪化により実質的な基地の維持が困難になり，この活動は終わりをつげた．じつは，この原稿を執筆している現在，同じ発想から，氷だけでは安全が確保できないので，観測船ポーラーシュテルンを 1 年間氷漬けにし，横の氷盤を基地にした観測計画 MOSAiC（Multidisciplinary drifting Observatory for the Study of Arctic Climate）がドイツ，アルフレッド・ウェゲナー極地海洋研究所（AWI）主導で実施されている．画期的な

計画で，世界中からの研究者が参加しており，わが国からの参加もある．

南極探検から国際地球観測年（IGY）へ

　北極に比べ南極に人々の目が向かったのは遅く，18世紀に入ってからであった．イギリス人ジェームス・クックは第2回目の航海で初めて南極大陸を周航し，1773年1月17日，南緯60度33分を越え，初の南極圏入りを果たした．19世紀に入ると，南極大陸周辺では捕鯨が盛んになり，1820年には，ロシアの最初の南極観測隊を率いたファビアン・ベリングスハウゼンによる南極大陸初視認（発見）に至った．今年は200周年ということで，Science誌に記念の記事が出ている．

　その後，南極大陸を探る数々の探検隊が活躍したが，極めつけは南極点到達であった．ノルウェーのロワール・アムンセンは1911年12月14日に，イギリスのロバート・ファルコン・スコットは遅れること1か月，1912年1月17日に，それぞれ南極点に到達した．前者は無事生還しているのに対し，後者は遅れをとったことに気を落としたか，ポニーが使えず人力ソリでほぼ全行程を走破せねばならなかった苦難からか，さらには帰路の3月の異常低温が災いしたためか（Solomon, 2001），全員帰らぬ人となった．しかし，大英帝国の威信からスコットは英雄となり，その名はケンブリッジ大学スコット極地研究所（Scot Polar Research Institute）としても讃えられている．南極点旅行の5人は生還しなかったが，ほかの多くの隊員は1年間の越冬を通して多くの調査を

行い，様々な科学的成果を持ち帰った．オゾンホールで有名になった極成層圏雲の初視認ではないかといわれる「輝く雲」の絵，同行した気象学者シンプソンによるコアレス・ウィンター（ナベ底型気温推移）の発見や，初の気球観測による強い接地逆転層（通常と異なり上空より地表の気温が低くなる）の発見などである（Scott, 1913）．

　ちょうど同じ頃，わが国の白瀬矗もまた南極点を目指したのであった．苦節十年，北方千島列島の島に赴いたり，2年越冬を強いられたりしながら極地探検の準備をしてきた白瀬は，北極点到達の報を聞き，目標を南極点に定め，1910年，わずか200tばかりの機帆船「開南丸」によって南極を目指した．しかし，時期が遅く季節が冬に入ってしまったため，一旦引き返し，オーストラリア・シドニーで時を過ごした．次のシーズン，ロス棚氷の北東端，鯨湾に到達，上陸し南極点を目指した．しかし，1912年1月28日，南極点まではまだ1,000kmを残す南緯80度5分に旗を立て終着とし，その地一帯を「大和雪原」と名づけた（近年，南極の地名として認められている）．なぜ，その地点で早々と南極点到達をあきらめてしまったのかについて，筆者は疑問だが，あまり明らかではない（南極探検後援会「南極記」1913；綱淵謙錠「極」1983）．しかし，その壮図は国内より外国でよく知られており，わが国が南極観測を始める際にも，優れた実績を有する裏づけとなった．

　その後も，数々の探検が進められた．オーストラリアからはダグラス・モーソンが斜面下降風（カタバ風）の強く吹き降りる場所で越冬し，風速100m/sという強風を記録して

いる（Mawson, 1930）．1914〜18年にはイギリスのアーネスト・シャクルトンが先のアムンセンなどとは反対側のウェッデル海側から南極点を目指した．しかし，こちら側には広く海氷が発達しており，その船エンデュランス号は氷に閉じ込められ，やがて破壊されて沈没．探検隊一行は救命ボートをソリのように引きながら徒歩で進み，最後はシャクルトンほか数人がボートではるか1,000 kmのサウスジョージア島に渡り救助を求め，最終的に全員生還したという話は有名で，現在でもシャクルトンは偉大なリーダーとして賞賛されている．1928年には初めて航空機が導入され，広域の探査が進んだ．アメリカのリチャード・バードは航空機を用いた探検隊を度々率い，1929年には早くも南極点への初飛行に成功している（石沢, 2018；初着陸は1956年10月31日，アメリカ海軍ジョージ・J・デューフェク）．1949〜52年には，ノルウェー・イギリス・スウェーデン3国共同探検隊が東南極で内陸深くの人工地震調査やモードハイム基地での放射熱収支観測など（スウェーデン人リレクウェスト），現在の観測につながる多くの科学的調査を行った．すなわち，探検から，実質的な科学観測への転換が進んできた．

1932〜33年に第2回極年（IPY）が北極を中心に行われてから25年，第二次世界大戦後の科学者たちは50年が待てずに，第3回極年を1957〜58年に実施することにした．戦争中に蓄積されたレーダーやロケットを初めとした新しい技術を科学に適応しようと，今回は，人工衛星により宇宙の探査および南極観測を主要課題とし，名前も国際地球観測年（IGY：International Geophysical Year）と呼ぶこととした．

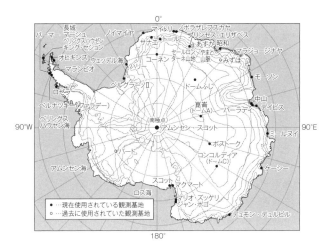

図 1.2 南極におけるおもな観測基地.

恒久的な，組織的な調査研究を行う観測の時代が始まり，12 か国は南極基地を整備して観測を本格化させた．その後の発展を経て，現在では図 1.2 のように南極中に基地が展開されている．

わが国南極観測の開始

わが国でも，1956 年 11 月，第 1 次南極地域観測隊は観測船「宗谷」で東京晴海埠頭を出航し南極に向かった．しかし，ここまでの道のりは苦しいものであった．1952 年，国際学術連合会議（ICSU）が 1957 年からの第 3 回国際極年（IPY-3）実施を提唱，これを受けてわが国でも翌年，日本学術会議に第 3 回極年関係研究連絡委員会（後の IGY 研連）を設

置して参加準備を開始した．1955 年，ICSU の IGY 特別委員会（CSAGI）は南極会議を開催して南極観測計画を立案，アルゼンチンほか 9 か国が参加表明．日本学術会議 IGY 研連も南極観測への振替を検討．第 2 回の CSAGI にはわが国からも参加，最終的にプリンスハラルド海岸（東経 35 度）に基地を作り南極観測に参加することを申し入れた．当時は敗戦からいまだ 10 年，何か国からは反対があったものの，なんとか参加が認められ，ここに 12 番目の国として南極観測に乗り出すこととなった．その裏には，1951 年のサンフランシスコ講和条約に「南極におけるすべての権利を放棄する」ことが記されていた（白瀬矗が日本の領土を主張すべく，マッカーサーに手紙を書いていたためともいわれている）不利を乗り越え，逆に白瀬矗の功績を背景に，わが国の参加が認められたという経緯があった．1955 年 11 月に，政府は南極観測への参加，南極観測統合推進本部を文部省に設置すること，観測船に「宗谷」を使うことなどを閣議決定した．それからわずか 1 年で，第 1 次隊の出発を迎えることができたのは，当時の研究者，政府，国民ともどもの意気込みを感じさせるものであった．

　南極に到達した第 1 次観測隊（永田武隊長）・宗谷は流氷帯を越え，リュツォ・ホルム湾に入り，プリンスオラフ海岸（東のプリンス・ハラルド海岸ではなく）のオングル島を基地に選び，1957 年 1 月 29 日，上陸して昭和基地を宣言した．ここに建物 3 棟と発電機をテント小屋に設置し，11 人での越冬が開始された（西堀栄三郎越冬隊長）．往路は順調に進んだ宗谷は，海氷の変化で帰路は脱出に苦労することになっ

た．さらに翌年，第2次観測隊は昭和基地に近づけず，小型飛行機（ビーバー機）で越冬した人員のみ，かろうじてピックアップ，次の隊を送り込むことができずに越冬断念となった．その事態を予測せずに樺太犬を基地に残さざるを得なくなり，後にタロ・ジロ物語が生まれることになったわけである．この場所は，大陸から4〜5 km離れた島であったが，海氷状態が厳しく，到達が困難になることが多かった．隣の基地からは1,000 km離れ，南極大陸を調べるには絶好の場所ではありながら，到達の難しさからか，ほかの国は目指さなかった場所である．大陸から離れていることも含め，不利な場所との意見もあるが，筆者自身は，典型的な南極大陸氷床に面した場所としては，なかなか理想的な場所であったとその選択を評価したい．

　わが国の第1次隊は，IGYの予備観測で，昭和基地での越冬の可能性を探ることが主目的であり，その目的は達成されたが，第2次隊が本観測を担う予定であった．そのため，第2次隊では，南極研究科学委員会（SCAR：Scientific Committee of Antarctic Research；ICSUの下に1957年設置当初は「南極研究特別委員会」，1959年より）の示したIGYで行うべき観測，南極の気象学のテーマに則り地上気象，高層気象観測のほか，放射収支，接地気層，オゾンの研究などの準備を行っていた．しかし，宗谷が氷に阻まれ，第2次隊は越冬断念となった．以後，第3次隊から第5次隊が越冬してこれらの観測を開始・実現させていった．しかし，第5次隊の越冬をもって観測は中断されることとなり，第6次夏隊で撤収，1962年2月昭和基地は閉鎖された．これは，おも

に輸送に携わる砕氷船およびヘリコプター運用の限界からの結果であった．なおこの間，1959年に，先の12か国によって南極条約が締結されている（詳しくは第9章）．

さて，わが国の南極観測であるが，なんとか科学的に重要な南極観測を続けようと，各方面での努力が積み重ねられ，ようやく1965年度に再開となった．ここに，新しく建造された観測船（砕氷船）「ふじ」により第7次観測隊は出発した．観測船が大型になったことで，多くの物資が搬入され，昭和基地は整備されその規模を拡充したとともに，大型の雪上車も導入され，広範な内陸探査が可能となった．ここに4年間の観測の空白後，新たなステージの南極観測が始まった．これまでの昭和基地や付近の沿岸露岩域の調査に止（と）まらず，大陸氷床上への調査も進められた．第8次隊での内陸プラトー基地（米）までの燃料補給旅行に続き，第9次隊では南極点までの往復旅行が行われ，1968年12月19日，昭和基地から2,500 km，アムンセン・スコット南極点基地（米）に到達した．

南極観測は，IGY以来，国際協同観測とはいいながら，実際には各国独立な活動を余儀なくされていた．しかし，その後，共通の目標に向けた協同研究の時代になっていった．最初はIMS（国際磁気圏研究計画）観測で，オーロラに向けてロケットを打ち込み観測しようというものであった．その後，POLEX（極域気水圏観測），BIOMASS（南極海洋生態系・資源観測計画），MAP（南極中層大気総合研究計画），ACR（南極域における気候変動に関する総合研究計画）と続いた．

極点旅行が成功すると，内陸氷床にも目が向いていった．1969 年，第 10 次隊からは，エンダービーランド計画といって，昭和基地の後背地からやや東側の地域を雪氷学的に調査しようというもので，氷床表面の積雪涵養過程や，天測に基づく三角鎖測量による氷床流動の調査などが行われた．その一環として，カタバ風帯の標高 2,230 m の斜面上に，1970 年 7 月，わが国初の内陸基地，「みずほ基地」が設置され，氷床掘削やオーロラ，電場磁場観測（ちょうど昭和基地と同じ磁気子午線上にあった）が始められた（図 1.2 参照）．氷床調査はやまと山脈まで及んだ．測量の途中，1969 年 12 月 21 日，白い雪面上に黒い石ころが見つけられ，初の隕石発見であった．その後は，何回も組織的な隕石探査を目的とした調査旅行が行われ，わが国の採取した隕石は最近まで世界最大数を誇っていた．内陸調査はその後，1982 年以降の東クイーンモードランド計画でより西側の領域に広げられ，やまと山脈以西の広域のセールロンダーネ山地，さらに内陸の氷床頂上ドーム域まで広がった．その途上，セールロンダーネ山地調査に適当な場所として「あすか基地」が 1986 年に設置され，またドーム頂上には「ドームふじ基地」が設置され，1995 年から 3 年間連続越冬が行われた（図 1.2 参照）．当時の南極観測を支える観測船は，1983/84 年航海から「しらせ」に交替していた．

わが国北極観測の開始

　IPY-2 まで，世界の北極への取り組みを見てきたが，ひるがえって，わが国の北極活動はどうであったのだろうか．じ

つは，いまだ明瞭にはなっていない．はっきりした記録として最近明らかになってきたことは，農商務省水産局の監視船船長，武富栄一の活躍である．1923年，白鳳丸船長として，ベーリング海峡を通過して初の北極海入りを果たし，北緯66度33分に到達した．これより数年先んじて北極海入りした海軍特務艦があったとの話もあるが，不確かである．続いて，耐氷性能を持たせた新しい1000 t級の快鳳丸を導入（新造ではなく，1916年建造の海軍特務艦剣崎の改装）したこと自体なかなか力が入っているが，この船で1936年にチャクチ海，1937年には最北の北緯71度23分に，最西は東経164度5分，東シベリア，コリマ川河口近くに達し，さらには1939年，アラスカ沖西経167度まで進出している．最後は，「北南両極洋周航調査計画」として北極海を通過しヨーロッパに至り，さらに南大洋を通って日本に戻るという希有壮大な航海に1941年6月16日東京港を出航したが，時あたかも第二次世界大戦の始まり，ドイツ軍の参戦の報に計画は中止となり，ベーリング海峡手前で引き返す結果となった．果たせぬ夢となったが，その先見性に驚く．ちなみに，この航海に気象士として乗り組んだ高橋正吾（後の網走気象台長）の子息が筆者の友人の北見工大名誉教授（雪氷学者）高橋修平氏で，長く調査をしてこられた国立極地研究所名誉教授故小野延雄氏と水産総合研究センター永延幹男氏の調査と合わせて話をうかがい，上記事実が明瞭になった（高橋・永延，2016）．なお，海氷の中を進む快鳳丸の絵画が（時の航海士画），戦後武富船長が講師を務めた東京海洋大学に保管されている．

こうして北極海には踏み入れたわが国であるが，科学観測の嚆矢は，1957年の北海道大学教授中谷宇吉郎であろう．
人工雪結晶作成に成功し，「雪は天からの手紙である」との有名な言葉を残した物理・雪氷学者であるが，アメリカのIGY観測計画の一つに参加してグリーンランド内陸の「サイト2」基地におもむき，氷の研究を行った．まさに，南極観測と同じく，IGYに始まったのである．中谷は，1960年まで毎年グリーンランドに赴いたほか，1959年には，北極海の氷島T3（何年にもわたってカナダ近くのボーフォート海を漂っていた大きな氷山，アメリカが観測基地を置いた）を視察．その後2年間にわたって3人の若手研究者を送り込み，順次越冬しながら海氷，海洋観測を担った．

　1980年代の終わり，ソ連の崩壊，冷戦構造の終結が世界の北極研究に与えた影響は大きい．ゴルバチョフ書記長の「北極開放宣言」などがあって，北極圏の国だけでない多くの国が北極研究に取り組むようになり，様々な観測を始めたとともに，国際北極科学委員会（IASC：International Arctic Science Committee）を組織した．わが国でも北極研究を加速させようという機運から，このIASCに加盟するとともに，国立極地研究所（文部省傘下）には国際北極環境研究センターを設置し，筆者もその一員とされた．北緯80度に近いスバールバル・ニーオルスンという元炭坑街をノルウェーは国際観測村として開き，国立極地研究所は観測所をスタートした．科学技術庁傘下の海洋科学技術センターでも，海洋観測ブイを設置するなど，北極海の観測に乗り出した．こうして，機関ごとではあるが，北極観測・研究は盛んになってきた．

個々の活動はそれなりに活発に行われていたが，わが国全体としての活動が見えないとの国内外からの批判を受け，文部科学省の下，新たにわが国の総力を挙げた北極研究が開始されることになった．とくに大きい課題となってきた北極温暖化問題を取り上げ，北極環境研究に関わる各分野を結集して研究を進めようということになった．これが，後に述べる2011年開始の「グリーン・ネットワーク・オブ・エクセレンス・プログラム（GRENE）北極気候変動分野」（以降「GRENE北極気候変動研究」と略記）であった．

第 2 章

南極，北極とは
どういうところか

南極，北極はどういうところか，基礎知識を学ぼう．

極とは，南極圏と北極圏

　地球の自転軸，地軸が地表面と交わるところが極，緯度90度で南にある南極点，北にある北極点である．極の周り，どこまでを極域とするかは研究分野，何を対象にするかで様々であるが，南極圏，北極圏とは，地軸の傾きでちょうど一日中太陽が出ない，出続ける緯度領域，すなわち66度33分より極側をいう．南極といって南極大陸（Antarctica）を指すこともあるし，南極域（the Antarctic）といって南大洋・南極海まで含むこともある．北極（the Arctic）とは，北極海に加えてグリーンランドや周辺の大陸を含んでいうことが多い．南極条約のように，南緯60度以南を定義域とすることもあるし，また北極では永久凍土の南限以北をいうこともある．北極圏国とは，アメリカ合衆国，カナダ，デンマーク（グリーンランド），ノルウェー，ロシア，スウェーデ

ン，フィンランド，アイスランドであり，北極評議会
（Arctic Council）構成国で，前5か国が北極海沿岸国である．

　上に述べた極は地軸極であるが，ほかにも，方位磁石の指
す磁極（Magnetic pole）もある．ここでは，磁石は真下を
向く．これは地軸極とは一致しておらず，現在，南磁極は南
極大陸の沿岸，フランスのデュモン・デュルビル基地の沖合
にあるし，北磁極はかつてカナダ多島海にあったが現在は北
極点近く北緯86度近辺の北極海にある．というように，年々
移動しており，磁場の成因から一定しないものだそうである．
さらに，地球の磁場を地球中心の棒磁石（双極子）と考えた
時のその軸と地表が交わる点を地磁気極（Geomagnetic
pole；磁軸極）といい，地球磁気座標の極となっている．こ
ちらも年々動いているが，磁極に比べて動きは遅い．

　こうして，極域は高緯度にあり，地球は球体のために緯度
が高くなると太陽高度が低くなり，効率よく日射が入ってこ
なくなり，寒くなる．しかし，同じ極域といっても南極と北
極は違うところがある．それを見ていこう．

南極と北極の違い—大陸と海

　最も大きな違いは，南極は中心が大陸で周りに海が広がっ
ているのに対し，北極は中心が海で周りを大陸が取り囲んで
いることであろう．南極は大陸基盤の上に雪が降り積もって
できた氷床が乗っており，その高さは平均2,209 mとなって
おり，3,000 mを越える場所も広がっている（図2.1）．氷床
の最高地点はドームAと呼び，4,000 mを越えている
（4,093 m）．氷床下の岩盤の平均標高はわずか83 mであるの

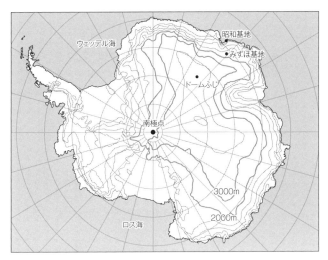

図 2.1 南極大陸の地形.

で，差し引き氷床の厚さは 2,126 m となる（棚氷を含まず；数値は観測が進むとともに変わってきており，ここは南極大陸高精度地形図 Bedmap 2 による）．すなわち，標高の高い大陸ではあるが，そのほとんどは氷からなっているということである．面積は棚氷（氷床末端が海にせり出して浮いている部分）を含めて 13,924 万 km²，棚氷を含めないと 12,295 万 km²，氷の体積は 2,654 万 km³ で，南極氷床がすべて融けると世界の平均海面は 58 m 上昇することになる．氷床の断面を示したのが図 2.2 で，岩盤の上にお供え餅のような形の氷床が乗っている．ほぼ 0 度―180 度子午線に沿った南極横断山脈をはさんで，右側（0 度子午線を上にして地図を見て）を東南極，左側を西南極と呼ぶ．断面図でわかるように，東

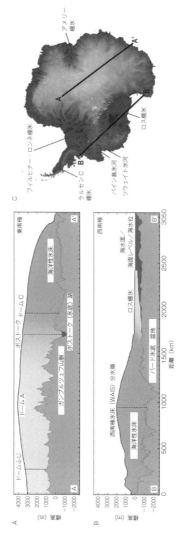

図2.2 南極大陸氷床の断面図。A は東南極で、ドームふじ、ドームA、ボストーク、ドームCを横切る断面で、ボストーク基地の下には湖がある。B は西南極で、ロス海から南極半島根元までの断面。C に南極大陸の平面図を示す。A、B の断面を切った線 A-A'、B-B' が記されている。

20

南極は標高が高く大きい体積を占めるのに対し，西南極は標高が低めで小さい．さらに西南極から低緯度側，南米側に突き出ているのが南極半島である．南極大陸が周囲を海で囲まれ，ほかの大陸から離れて孤立していることが重要であり，そのため周囲を海流は循環するし，大気も南極点を中心に同心円に近い形で循環している．このことで，低緯度からの熱輸送が抑えられ，南極が寒くなり氷床が発達したといわれている．すなわち，南極大陸は超大陸ゴンドワナ大陸が分離して1億年前には孤立し，3千万年前には氷床は現在の姿を越え大きく発達していたとのことである（コラム5参照）．

　一方，北極海は面積1,406万km^2と，南極大陸とほぼ等しい面積を持つ（図2.3）．ユーラシア大陸側には幅約1,000kmの浅い大陸棚が広がっており，そのため全北極海でも平均水深は1,000m程度と浅い．しかし，北極海中央部には水深4,000mの深い海が広がり，その真ん中には北極点近くをロモノソフ海嶺が貫いている．北極海には，カナダ側のマッケンジー川，シベリア側のオビ，エニセイそれにレナ川といった大河川が流れ込み，大量の淡水を供給している．このため，表面近くは塩分濃度が低く，凍りやすい条件が整っている．冬には北極海はすべて凍って海氷が埋め尽くすが，固定した定着氷ではなく，ほとんどが海流や大気の流れに動かされる流氷である．ナンセンがフラム号の探検で実証したように，北極海の大部分の氷は北極海中央を通る北極横断流（Trans Arctic Flow）に乗って流され，最後はスバールバルとグリーンランドの間のフラム海峡を通って流れ出ている．しかし，これは表面近くの流れであり，水深100m以下の深いとこ

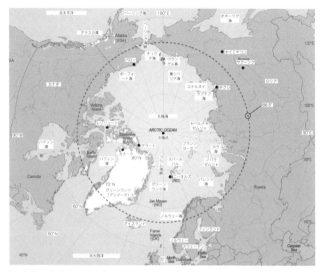

図 2.3 北極海と周りを取り囲む大陸，グリーンランド．破線が北緯66.5 度の北極圏を示す．

ろでは，逆に大西洋から温かい水が流れ込み，北極海の深い部分を巡っている．この大西洋水によって熱も運び込まれ，北極海はそれほど冷えないことになる．熱を奪われた北大西洋からの水は，さらに重くなって沈降し，低温高塩分の北極海深層水となる．グリーンランド海やノルウェー海でも同様に低温高塩分水が沈み込むとともに，アイスランド低気圧の影響では深層水の湧昇や対流が起こり，深い所まで冷却され低温高塩分水の形成が促進される．この深層水が北大西洋深層水を形成し，世界の海を 2 千年かけて一周する地球規模の深層水熱塩循環（コンベアーベルト；Brocker 1987，図 2.4）

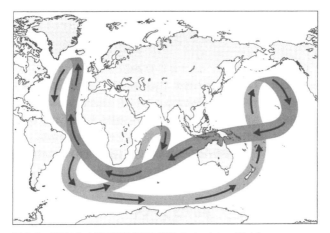

図 2.4 世界の海を巡る深層水熱塩循環（コンベアーベルト）．

となる．この地域が世界の気候を支配する鍵となる所以である．一方，ベーリング海峡は狭く浅く，太平洋（ベーリング海）からの流入は大西洋側に比べ，量は圧倒的に少ないが，近年の海水温暖化や海氷融解には影響を与えている．

海氷

氷床とならんで極地を特徴づけるものは海氷である．海氷がどのように分布しているか，今では人工衛星によって逐次見ることができる．ここでは，雲の影響をあまり受けずに，通年にわたって海氷分布を知ることのできるマイクロ波画像を見ていこう．マイクロ波放射計を積んだ衛星は，1978年より実用化したので，ほとんどのデータはそれ以後のものである．図2.5に衛星から見た海氷分布を示す．南極大陸の周

りの海は凍った海氷が取り囲んでいるが，夏は小さく，冬には大陸沿岸から 1,000 km にも及ぶ広域に広がる．大きい季節変化が特徴的で，夏（2〜3 月）には 400 万 km²，冬（9〜10 月）には 2,000 万 km² と，南極氷床と合わせ，氷の面積は夏の倍以上になる．そのため，南極の海氷は，ほとんどは 1 年以内にできた「一年氷」であり，厚さもせいぜい 1.5〜2 m くらいにしか成長しない．年を越して存在する「多年氷」は一般には少ないが，昭和基地付近のリュッツォ・ホルム湾内にはよく存在し，厚いときには 6 m にも成長するので，観測船で昭和基地に進入するのに苦労することも多い（最近でも，第 53 次，54 次隊，2012〜14 年，ではしらせは昭和基地に接岸できなかった）．海氷のうち，沿岸近くのわずかは岸に固定して動かない一枚板の「定着氷」となっているが，沖合の大部分は海流や大気の動きで氷盤が流される「流氷」である．南極大陸沿岸では地形に沿って西向きに流れている．ウェッデル海やロス海の海氷は環流に乗って時計回りに沖合に流され，沖合の海氷は南極周極流（ACC：Antarctic Circumpolar Current）に乗って東向きに流れる．ある領域内をどれだけ海氷が埋めているか，その割合を密接度というが，密接度 100% のビッシリ埋まった海氷でも時々刻々と氷は動き，形を変えていく．沿岸方向に吹き寄せられると氷は詰まり，場所によっては乗り上げ，面は乱れ，乱氷帯といって砕氷船の航行を妨げる．逆に風の力で氷が散らされると，隙間があき川のようになった開水面の所はリードと呼ぶ．また，もっと広がると湖のようになり，これは氷湖（ポリニヤ：polynya）と呼ぶ．観測船も，できるだけこうした開水

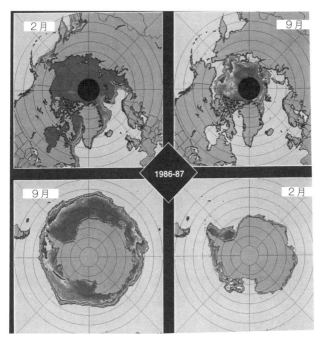

図 2.5 南極の海氷分布, (下左) 冬の終わり広がり最大時と (下右) 夏の終わり広がり最小時と北極の海氷分布, (上左) 冬の終わり広がり最大時と (上右) 夏の終わり広がり最小時.

面を求めて航行する.

　図2.5上には北極の海氷分布を示した. 夏は小さい面積, 冬は大きい面積になるのは南極と同じだが, だいぶん様相が異なる. 夏でも北極海中央にかなり広い面積で残存するため, これは多年氷であり, 通常厚さが4〜5 m, なかには10 mを超えることもある. 冬になると, 北極海はすべて海氷で覆わ

れ，さらに北極海の外にも氷が広がっている．太平洋側，シベリア沿岸オホーツク海，さらに北海道まで及ぶところが，最南端である．海氷域面積の季節変化は南極の場合より小さいが，一つには北極海が大陸に囲まれていることが南極のように自由に広がることができない理由になっている．北極海の多くの氷が北極横断流に乗ってフラム海峡を通って流れ出ているのは先に述べたが，カナダ，アラスカ側の海氷はボーフォート高気圧によって時計回りに流され長い間，渦をまき，「ボーフォート渦」といわれている．第1章で触れた，氷島T3という氷山も，この渦に乗って長期間回っていたものである．

昼と夜

　南極点，北極点では1日中太陽はほぼ同じ高度で水平線に平行に回っている．春分・秋分の日には水平線ギリギリを周り，その後半年間は沈んでいる．南極と北極では季節が反対となるので，6月には北極で太陽高度が一番高く，南極では冬の最中，太陽は地平線下に沈んでいる．北半球の冬，1月にはまったく逆に，南極では白夜，北極では極夜となる．したがって，極点では1年で1日の変化になっているともいえる．昭和基地は緯度69度と極から離れるので，完全な白夜や極夜はそれぞれ1か月半程度で，それ以外は日が昇り沈む変化がある（ただし，太陽は北の空を東から西に動く）．太陽の出ない真冬でも，南極観測隊は時計で1日の日課を決めているが，当時，筆者はなんとなく夜眠りにつけないなど，体調は不順となった経験がある．

26

気象

　極地は寒いのが特徴であるが，では南極と北極でどちらが寒いのだろうか．図2.6には南極のいくつかの基地での月平均気温の変化を示してある．年平均気温は昭和基地では−10.4℃，最低気温−45.3℃（1982年9月4日），寒くはあるが，国内の旭川でも−41℃を記録しており，それほどとくに低温とも思えない．南極といっても大陸沿岸の島の上だからである．しかし，内陸にある各基地，南極点，ボストーク基地，ドームふじ基地では年平均気温−50℃台が軒並みである．標高3,810mのドームふじ基地ではこれまでの4年間の越冬で，年平均気温−54.4℃，最低気温−79.7℃であった．南極での最低気温は，ボストーク基地（標高3,488m）で1983年7月21日に記録された−89.2℃で，世界最低気温である．内陸では標高が高いことが気温を低くすることに効いており，高い山に昇ると気温が低いのと同じ働きである．図2.6を見て，内陸各基地の気温変化で，冬の間は4月から10月くらいの間，気温の変化がほとんどないのに気づくが，これをナベ底型気温推移現象（coreless winter）と呼んでいる．

　北極の気温変化を示したのが図2.7である．北極海に面した各基地では，夏冬での気温差（年較差）が小さいのが特徴であり，逆に大陸内の場所では年較差が大きいのが特徴である．北極海に囲まれたスバールバル・ニーオルスンでは，冬でも−15℃程度，夏には＋5℃程度であり，年平均気温は−4℃となっている．一方シベリアの内陸にあるオイミヤコンでは，冬は−50℃に近く，夏は＋15℃と暑くなる．南極観測が盛んになる前には，ここで世界最低気温−71.2℃を記録

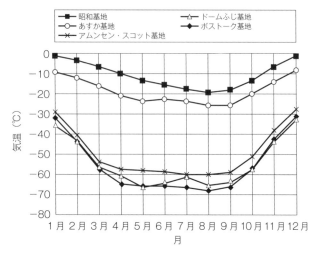

図 2.6 南極各基地の月平均気温の季節変化（図 1.2 参照）.

している（WMO 未公認）．さらに，冬と夏の気温分布では
冬は北極全域が低温ではあるが，とくにグリーンランドとシ
ベリア内陸の低温が目立っている．一方，夏は，北極海全体
は低い気温ではあるが 0 ℃前後で（氷と海水が同時に存在す
るため，ほぼ融点近くの温度）グリーンランドの低温を除く
と大陸上の高温が目立っている．冬の気温分布とは対照的に
なっているのが面白い．

大気の構造と気温鉛直分布

この後の説明にも必要になるので，大気の鉛直構造と気温
について触れておこう．図 2.8 に代表的な気温の鉛直分布を
示した．地上からおよそ 10 km くらいまでは（熱帯域では

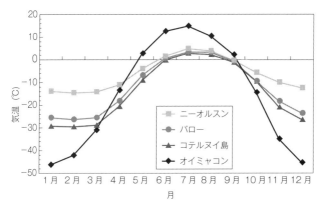

図 2.7 北極各地点の月平均気温の季節変化（図 2.3 参照）.

もっと高くまで），上に行くほど気温が低く，この層を対流
圏といい，空気はよく混合されている．ただ，極域では多く
の場合，とくに冬場は，地表が著しく冷えるので，地上から
100 m 程度まで気温が下がる気温逆転層（接地逆転層）がで
きる（図 2.8 下）．大気全体が冷えるよりも，地表が著しく
冷えるのが特徴であり，内陸基地の低温を招いている．さて，
高度 10 km より上は，上空に行くほど気温が上がる成層圏
である．地球の大気中にはオゾンがあるために，日射を吸収
して温まり，成層圏ができている．大気は成層しているため，
上下に混合しがたい．ただし，極域の場合冬には成層圏に入
ってもしばらくは上空ほど気温が低い温度構造となる．これ
は太陽光が当たらずオゾンによる加熱効果がなくなるためで
ある．対流圏と成層圏の境を圏界面（対流圏界面）といって，
大気中物質の行き来が抑制されがちになる．高度 50 km よ

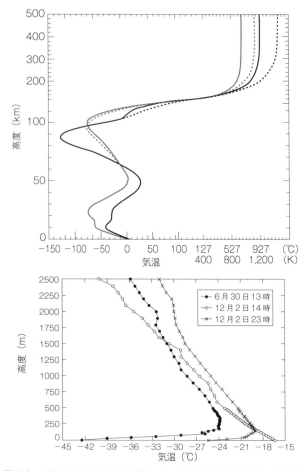

図 2.8 気温の鉛直分布と大気構造．上は上空までの分布で夏と冬が記されており，太線が夏（12月21日），細線が冬（6月21日）で，夜（00LST）が実線，昼（12LST）が破線．縦軸，横軸とも，途中から目盛が変わっていることに注意．下は地表近くの高度2km強までの分布で，冬の分布は地表近くに強い温度逆転が起こっている．

り上は，再び上空程気温が低くなる中間圏であり，その境界は成層圏界面と呼ぶ．中間圏は90〜100 kmまで続き，中間圏界面を境に熱圏に入る．中間圏界面の気温は極小になっているが，面白いことに，夏の方が気温が低く冬の気温が高い，地上近くと反対の南北分布を示すことになる．熱圏では再び上程気温が高く，大気は電離しており，オーロラが活発になる領域である．成層圏，中間圏，熱圏下部はまとめて「中層大気」と呼ぶこともある．

気圧と風

　空気は温度が高いと膨張し，温度が下がると収縮する．このことから，気温の違いが気圧の違いをもたらし，全球の気圧分布が生じている（実際には，多くの要素が影響して複雑になるが）．そして，気圧の高い所から低い所へ風は吹こうとし，地球は回転しているためにコリオリの力が働き風向は曲げられ，最終的に等圧線に平行に吹く（北半球では低圧部を左に高圧部を右に見た方向に吹き，南半球では逆の方向に吹く）というのが地衡風である．

　さて，図2.9 (a)，(b) は，南極上空，対流圏中層高度5 kmくらいでの気圧分布，じつは同じ気圧500 hPa面の高度分布である（元々上空では高度より気圧の方が直接的に測りやすかったため，気圧を座標軸とする習慣がある）．いずれも，ほぼ同心円状に，極が低く（低圧）低緯度側が高く（高圧に）なっており，風は時計回りに吹くことがわかる（西風）．等高線（等圧線）の混んでいる所が風が強くジェット気流（以下，ジェット）といわれる．左は夏1月の，右が冬

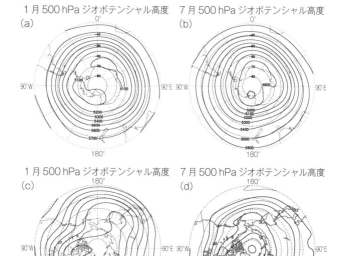

1月 500 hPa ジオポテンシャル高度 (a)　7月 500 hPa ジオポテンシャル高度 (b)

1月 500 hPa ジオポテンシャル高度 (c)　7月 500 hPa ジオポテンシャル高度 (d)

図 2.9　南極対流圏中層 500 hPa 気圧面の高度場，(a) 夏 1 月と (b) 冬 7 月，北極対流圏中層 500 hPa 気圧面の高度場，(c) 冬 1 月と (d) 夏 7 月．1979〜2000 年，22 年間の平均．

7月の平均で，強風帯は夏に比べ冬に大陸に近く，大陸近くは冬の方が風が強いことが見てとれる．この強風の輪全体を「極渦」という．また夏は，南極大陸沿岸から内陸まで等高線はまばらで，風が弱く，東風になる所もあることがわかる．

　北半球はどうであろうか，図 2.9 (c)，(d) に北極を中心とした 500 hPa 面の高度分布が示されている．同じく極側が低く，反時計周りに風が吹くこと（やはり西風）がわかる．

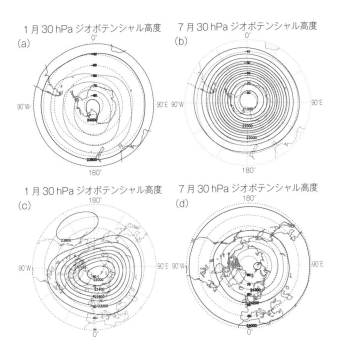

図 2.10 南極成層圏中層 30 hPa 気圧面の高度場，(a) 夏 1 月と (b) 冬 7 月，北極成層圏中層 30 hPa 気圧面の高度場，(c) 冬 1 月と (d) 夏 7 月，1979〜2000 年，22 年間の平均.

先の南半球の図に比べ，円形からのズレが大きく，歪んだ形になっている．これは，北極の周りに大陸が不均等に並んでいる，また高い山が分布しているためで，西風のジェット，極渦がその影響を受けて歪んでいるものである．この西風ジェット，極渦の歪み具合の違いが南極，北極の気象現象に異なった影響を与えることになる．

　ではもっと上空の成層圏ではどうか，図 2.10 に南半球，

北半球の高度およそ25 km 付近の気圧高度場を示した．冬の典型例は図 2.10 (b)，(c) で，対流圏と同じように極側が低く低緯度側が高い高度で，等高線が混んでおり強い西風が吹いていることがわかる．とくに等高線の混んだ，風の強い50〜60度付近に強い風が吹いており，極夜ジェットという．この極夜ジェットに囲まれた大きな渦が（成層圏の）極渦である．ただし，南半球はきれいな円形であるのに対し，北半球のものはかなり歪んでいることがわかり，ジェットが蛇行しているわけである．この南北の違いが，後で説明するオゾンホールの違いをもたらす．一方，夏の図 2.10 (a)，(d) を見ると，まったく様相が異なり，等高線の間隔が大きく開き，極側が高く低緯度側が低くなっている．すなわち，夏の成層圏は弱い東風が吹いている．この冬と夏の循環の入れ替わりは大きな現象であり，その際に成層圏突然昇温という現象が伴う．また，図 2.10 の 4 枚の図を見て，北半球に比べ南半球の方が夏冬の違いが大きいようで，夏の弱風，冬の強風として顕著に現れる．

第 3 章

地球温暖化とは─気候の決まる仕組みと温室効果

地球温暖化とはどういうことであったか，あらためて気候の決まる仕組みや温室効果について復習しておこう．

地球放射収支

　地球（地表面・大気）のすべてのエネルギー源は太陽である．太陽光線，すなわち日射（太陽放射，短波長放射）を受けて温まり，一方，地球もその温度に応じた赤外線（長波放射）を出して冷えようとしている．吸収する日射量と放出する長波放射量がつり合うように温度が決まっているのである．

　図 3.1 にその模式図を示したが，地球はその断面積（地球の半径を r とすると πr^2）分の太陽放射エネルギー（単位面積当たり S_0：太陽定数という）を受け取り，反射（総合的な反射率をアルベドといい，a とすると）しない分 $(1-a)$ を取り込む．一方，地球はその温度（T_e）に応じた放射（黒体放射という $L_0 = \sigma T_e^4$）を地球の表面積（$4\pi r^2$）分，放出している．ここで，σ はステファン・ボルツマン定数といっ

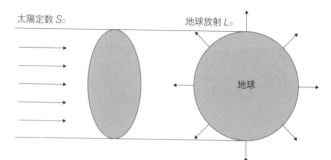

太陽定数 S_0 地球放射 L_0

地球

地球が受け取る断面積の分 $S_0\pi r^2$　地球全体から逃げる熱 $4\pi r^2 L_0$

図 3.1　地球の放射エネルギー収支.

て，5.67×10^{-8} W/m^2/K^4 である．これらを使って，放射平衡の式が書け，

$$S_0\,\pi r^2(1-a) = 4\,\pi r^2\,\sigma\,T_{\mathrm{e}}^4$$

となる．両辺，πr^2 が略せ，極めて簡単な式になる．この式を解くと，

$$S_0(1-a) = 4\sigma\,T_{\mathrm{e}}^4$$
$$T_{\mathrm{e}} = \sqrt[4]{S_0(1-a)/4\sigma}$$

となり，$S_0=1368$ W/m^2，$a=0.3$ とすると簡単に計算でき，放射平衡温度 $T_{\mathrm{e}}=255$ K（絶対温度，摂氏温度 t に対し，$T=t+273.15$）と得られる．すなわち-18℃である．このように簡単な式から，地球の気候が決まっているというのはまことに驚きである．

　ただし，-18℃とは地球上の平均気温としては低過ぎる気

がするだろう．地上気温の全球平均はだいたい 15 ℃であり，今求まった放射平衡温度 T_e は 33 ℃も低い．この地上気温を本来の放射平衡温度より 33 ℃高くしているのが「温室効果」なのである．

温室効果

　地球は周りを大気が取り囲んでいるために温室効果が得られている．大気中の水蒸気や二酸化炭素（CO_2）は赤外域に強い吸収帯を持ち，地表面からの長波放射を吸収し，上空の低い温度で大気外に放射し，また地上に向けても放射している．その仕組みを示したのが図 3.2 である．大気が日射に対してはほぼ透明であること，一方地表の出す長波放射に対しては不透明であることから，地表面は日射と大気からの長波放射の両方を受けることとなり，その分，地表面温度は放射平衡温度より高くなっている．入射する日射は太陽定数 S_0 の 4 分の 1 で，およそ 342 W/m^2，約 30 %（アルベド）が反射され，残り 240 W/m^2 が大気―地表面系に入る．長波放射は地表から 15 ℃に相当する 390 W/m^2 が放出され，途中大気で吸収されて大気上端からは−18 ℃に相当する 240 W/m^2 が放出される．これを外向き長波放射量（OLR：Outgoing Longwave Radiation）と呼ぶ．こうして，水蒸気や CO_2 などは温室効果気体と呼んでいる．ちなみに，地球大気の大部分を占める窒素や酸素は赤外域に吸収がなく温室効果に効かない．

　地球以外の惑星の温度条件も先の式から計算できる．たとえば金星の場合は，太陽に近いが（太陽定数が大きい）アル

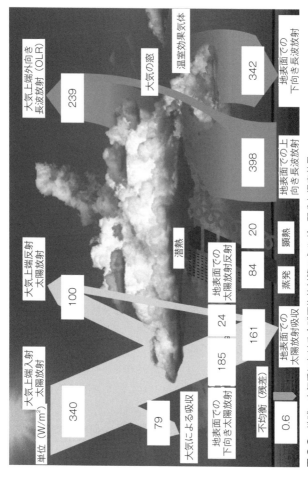

図 3.2 地球–大気系における全球平均放射等エネルギー配分と温室効果.

ベドも高く，放射平衡温度は 227 K，それに対し，太陽から遠いがアルベドの低い火星では 217 K と求まる．一方，金星は地表面温度は 750 K にも及ぶということで，この大きい差は大気が多量の CO_2 を含むため強い温室効果が起こっているためである．火星の場合は，大気が薄く温室効果が小さく，地表面温度は 240 K と放射平衡温度との差は小さい．

放射収支の緯度による違い

　ここまでの話は，いずれも地球全体を平均しての説明であった．ところが実際には，地球は球体で，低緯度から高緯度まで，緯度によって太陽高度が異なり，地表面に注ぐ太陽光線の入射角度が異なる．そのため，有効に吸収される日射量は異なり，低緯度では効率的に日射が受け取れるのに対し，高緯度では太陽高度が低く，有効に日射を受け取れない．この緯度による違いを見たものが図 3.3 である．大気上端に受け取る日射吸収量は，平均 240 W/m^2 と述べたが，じつは大きく緯度によって異なっている．これは，たんに緯度によって入射角が異なるためだけではなく，地表面の状態や大気中に雲があるかないかによるアルベドの違いにもよっている．この図は，季節変化を除いた年平均の図ではあるが，赤道近くへのへこみがあるのは，熱帯収束帯（ITCZ）といって，雲が広く分布している領域なのである．図の両端の極域を見てみると，極めて小さい値になっているが，これは極域は雪氷で覆われ，高いアルベドで日射が多く反射されてしまうことにもよっている．さらに，北に比べ南では，さらに 20 W/m^2 ほど低くなっており，アルベドが南の方が高く，吸収量が少

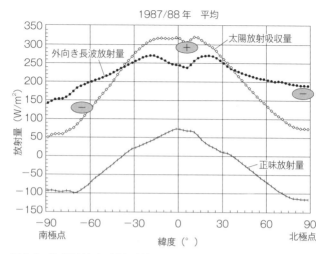

図3.3 地球放射収支（大気上端放射収支）の緯度分布. 日射吸収量, 外向き長波放射量（OLR）, 正味放射量.

ないこと, 北極海氷上より南極氷床上の方がアルベドが高いことを示している.

　一方, 大気上端での外向き長波放射量（OLR）のカーブは短波放射量ほど強くは緯度に依存していない. 両者が一致していないということは, 緯度帯ごとには放射平衡になっていないということであり, こちらも平均すれば約 240 W/m² と, 先の短波長放射量の平均と一致する. すなわち平均では放射平衡になっている. 日射吸収量と OLR の差である正味放射量も示したが, 低緯度で正の値, 高緯度で負の値となる. このように, 緯度帯ごとには放射エネルギーの過不足が生じているが, この過不足を補うように大気や海洋の流れが生じて

おり，流れによるエネルギー輸送と放射の過不足がつり合うようになっている．つり合うようなOLRを出すように温度が決まっているといってもよい．流れによるエネルギー輸送がもっと効果的であれば，OLRのカーブはもっと平らに，気温はもっと均等になるし，大気や海洋がなければエネルギーが輸送できず，緯度帯ごとに放射平衡になっていなくてはならず，OLRのカーブは日射吸収量のカーブに近づく．その中間に現在の地球はあるということになる．OLRも南極側の方が北極側より40 W/m² 以上小さく，南極側の方が低温であることがわかる．北極が海抜0 m の海氷であるのに対し，南極が標高2,000 m 前後の氷床になっているためである．正味放射量も北極側に比べて南極側が絶対値は小さく，冷却能力は北極側の方が大きい．さらに南極側を仔細に見ると，正味放射の絶対値の極大，すなわち正味放射の極小は南緯90 度の南極点ではなく，少し緯度の低い南緯70 度当たりに現れている．これは，それより高緯度側，南極大陸内陸では，気温がとくに低く，OLRも小さくなり，正味放射量の絶対値，すなわち放射冷却量が小さくなっていることを示しており，氷床高度の高い付近の特徴で，放射パラドックスといわれている．いずれにしろ，低緯度ではエネルギーを獲得しているのに対し，高緯度域は，エネルギーを失う場所で，地球全体，大気—地表面系を熱機関とすると，クーラーの役割，ラジエターの役割をしている場所ということができる．

地球温暖化

産業革命以降，人間活動が活発化し，化石燃料を多く消費

全球陸上および海上

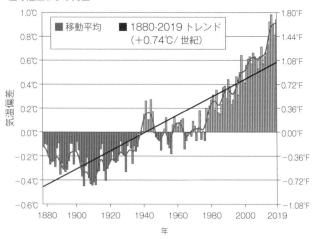

図 3.4 観測された世界の平均地上気温偏差.

するようになり，多量の CO_2 を排出してきた．それまで，自然のシステム，植物の光合成による CO_2 の取り込み，海洋表面での CO_2 吸収でバランスしてきた大気中 CO_2 濃度が急激に増加するようになってしまった．その結果，先に述べた温室効果が強まり，温暖化が進んできたというのが「地球温暖化」である．図 3.4 に示すように，地球全体を平均した気温がこの 100 年，ならして 0.7〜0.8 ℃上昇しているのは，この人為起源 CO_2 などの増加の影響である．途中で，気温の上昇が弱まったり，止まったり，また急激になったりする変化を示しているが，これは様々な自然の働きでゆらいでいるものであり，全体を通してのなだらかな上昇が，CO_2 など

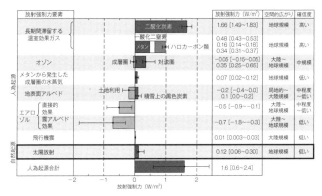

図 3.5 気候変動をもたらすおもな駆動要因の，1750 年を基準とした 2011 年における放射強制力の推定値と要因ごとに集計された不確実性.

温室効果気体増加の影響である．では，温室効果を持つ水蒸気はどうなのかという疑問を抱くかもしれない．確かに水蒸気は強い温室効果を持つものだが，様々な気象状態によって従属的に変化するので，地球温暖化の原因とはいわない．地球温暖化を促進する要因にはなっている．

　大気中には，水蒸気，CO_2 のほかにも温室効果を持つ成分がメタン（CH_4），一酸化二窒素（N_2O），ハロカーボンなどあり，また温暖化を抑える大気中物質もある．様々な成分の働きを評価したのが図 3.5 である．大気中には，気体成分のほかに，液体や固体の浮遊微粒子，エアロゾル粒子があり，これは日射を散乱させる効果を持ち，多くは大気や地表面を冷やす働きをする．さらに，雲の核となって，雲が日射をより多く反射することでさらに冷却を増す．しかし，これらの評価は難しく，不確実であることが，大きな評価誤差として

図に示されている．その中で，黒色炭素エアロゾル（ブラックカーボン）は，日射を吸収することで，大気を温め，雪氷面上に落ちると地表面アルベドを下げて，温める効果を示す．このように，様々な成分が様々な気候影響を果たし得るため，これらを取り入れないと，温室効果気体の増加だけでは温暖化の正確な評価にはならないのである．

第 4 章

北極温暖化増幅
― GRENE 北極気候変動研究 1

GRENE 北極気候変動研究の開始

地球温暖化の進む中，近年，北極温暖化の進行が著しい．それはなぜなのだろうか．また，北極だけでなく，中緯度にある日本にも影響があるのではないか？　そういった問題に取り組むため，わが国としても，北極研究に力を入れるべきだろうということで，2010 年，文部科学省の科学技術・学術審議会の下に「北極観測小委員会」が設置され，今後のあるべき北極研究が議論された．その結果，「グリーン・ネットワーク・オブ・エクセレンス事業（GRENE）」の中に「北極気候変動分野」というプロジェクトが 2011 年度に立ち上げられた．ここに国立極地研究所を中心に，わが国でこれまでも北極研究に関わってきた多くの大学・研究機関からの研究者が参加して，オールジャパンに近い北極研究プロジェクトが始まった．筆者は，その舵取り役，GRENE 北極気候変動研究のプロジェクト・マネージャーを務めた．

GRENE 北極気候変動研究では，重要な 4 つの課題，

1. 北極における温暖化増幅メカニズムの解明
2. 全球の気候変動および将来予測における北極域の役割の解明
3. 北極域における環境変動が日本周辺の気象や水産資源などに及ぼす影響の評価
4. 北極海航路の利用可能性評価につながる海氷分布の将来予測

が戦略目標として掲げられた．これらの目標を解明すべく，様々な研究グループから 22 件の研究提案が行われ，審査の結果，その中から表 4.1 に示した 7 件の研究課題が認められた．

　広い北極だが，これまで各々の研究機関が観測の実績を持つ拠点を中心に，図 4.1 に見るように環北極観測網を構築した．大西洋側では，ノルウェーの北にあるスバールバル諸島ニーオルスンに国立極地研究所が観測所を 1991 年より運営している．ここは，ヨーロッパ側北極の代表的観測点で，10 か国もの国が参加する国際観測村になっている．ここを第一の，いわばスーパーサイトとして整備した．シベリアでは，いくつもの大学や海洋研究開発機構（JAMSTEC）が長年ロシアの大学・研究機関と共同観測を続けているサハ共和国やクーツクが拠点となり，凍土や生態系など陸域の観測が広く展開されたほか，山岳域での氷河観測，地表での CO_2 やメタンの観測も進められた．アラスカでは，従前からアラスカ大学フェアーバンクス校に国際北極圏研究センターが設立され，わが国との共同研究が進められていたが，その方向を強

表 4.1 GRENE 北極気候変動研究の研究課題.

北極気候再現性検証および北極気候変動・変化のメカニズム解析に基づく全球気候モデルの高度化・精緻化
環北極陸域システムの変動と気候への影響
北極温暖化のメカニズムと全球気候への影響：大気プロセスの包括的研究
地球温暖化における北極圏の積雪・氷河・氷床の役割
北極域における温室効果気体の循環とその気候応答の解明
北極海環境変動研究：海氷減少と海洋生態系の変化
北極海航路の利用可能性評価につながる海氷分布の将来予測

化した．カナダでも，氷河上生態系の観測や温室効果気体観測が行われた．さらに，グリーンランドでは，科学研究費でのプロジェクト（代表，青木輝夫気象研究所室長＝当時）との共同研究のほか，氷河観測に力が入れられた．わが国には北極観測用の砕氷船はないが，温暖化で海氷が減ったことを幸いに，JAMSTEC の観測船「みらい」（耐氷船）による観測航海が開水域で毎年夏に実施されたほか，北海道大学水産学部の「おしょろ丸」による調査も行われた．そのほか，海氷域には，外国の砕氷船での観測が行われた．航空機による観測も，国立環境研究所などが以前より実績のある，定期航空便によるシベリア上空の観測を充実させたほか，ドイツ，アルフレッド・ウェーゲナー極地海洋研究所（AWI）の航空機を使ったエアロゾル観測に向けた準備を行った（実現はプロジェクト後；すでに 2000 年より，日独共同での北極大気航空機観測の実績あり）．

　GRENE 北極気候変動研究では，新たな大型の観測器も導入した．最大のものは，ニーオルスン観測所に設置した雲レ

○ 陸域植生観測
◉ エアロゾル・雲・放射観測
○ 積雪・氷河・氷床観測
◉ 温室効果気体観測
○ 海洋生態系観測
◉ 海洋変動・海氷観測
━━━━ 積雪調査ライン
━━━━ 永久凍土調査ライン
┄┄┄┄ 民間航空機観測ライン
実線：船舶観測

図 4.1 GRENE 北極気候変動研究で活動した環北極観測網.

図 4.2 スバールバル・ニーオルスンに設置した雲レーダー（FALCON-A，95 GHz，FM-CW レーダー）．左は観測所外観で，左端の矢印のコンテナの中にレーダーの本体が設置されている．アンテナおよび送受信機は右写真．

ーダーである（図 4.2）．雲は，放射を通じて，また降水をもたらすことで気候に大きい影響を与えるものだが，雲がどのように分布しているのか，雲の層がどういう構造か（どういう雲粒，氷粒でできているか）などを調べる強力なリモートセンシング機器である．そのほか，海の中を調べる係留系も整備した．船による観測では，船が訪れたそのときしかデータが得られないが，海中のある場所に底置設置して連続でデータを取ろうということで，いくつもの点に係留系が設置され，水温，塩分濃度のほか海氷厚さ，プランクトンや海水の流れを測るものなど，様々な機器を装備したものが使われた．

そして，観測したデータを保管・公開することも，近年極めて重要なこととして求められている．この要請に答えるため，「北極データアーカイブ・システム（ADS：https://ads.nipr.ac.jp/）」が整備され，観測データをはじめ，衛星データ，

さらにはモデル計算の結果なども集積されるようになった.

　観測するだけでは，現象の因果関係がわからないこともあるし，また将来の予測も難しい．そこで，計算機を使った気象や気候の数値モデルの研究が進められている．大気の流れを計算する大循環モデル（GCM：General Circulation Model）の発達は著しいが，さらに海洋のモデル，より長い気候を調べる氷床モデル，さらには生態系の振る舞いを計算するモデルなど，様々なモデル研究が進められた．以前からモデル研究は，その分野内では活発であったが，とくに観測とモデルの共同による研究を目指した．観測から得られた結果をモデルに組み込み，あるいはモデルの予測からどういう観測をすべきかを導くなど，観測とモデルの連携を重点課題とした．

　なお，研究を進めると同時に，北極研究者の交流，情報交換などを促進する学術団体，「北極環境研究コンソーシアム（JCAR）」もこのプロジェクトの下で設置され，現在400人以上の会員が参加している．

温暖化増幅と季節進行，氷—アルベド・フィードバック

　すでに第3章で見た地球温暖化の中で，北極ではとくに温暖化が顕著であることが図4.3を見るとわかる．地球全体のわずかな温暖化に比べ，この100年間で2℃，1970年頃からの最近の40〜50年で見ても，世界の平均に比べ2〜3倍の速さで温暖化が進んでいることがわかる．この全球平均より強い温暖化を「温暖化増幅」と呼んでいる．何がこの北極温暖化増幅をもたらしているのだろうか．

　もう一度，図4.3を見てもらうと，近年の温暖化とは別に

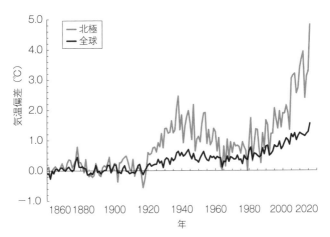

図 4.3 平均気温の年々変化．全球平均と北極（陸海含む）の比較，1880
〜90 年を基準とした偏差．

1940 年頃を中心に 1.5 ℃を超える，もう一つの温暖化の時期
があったことがわかるだろう．この「20 世紀前半の温暖化」
は，近年の人間活動に由来する地球温暖化に基づく温暖化と
は考えがたい．では，なぜこのような温暖化が北極を中心に
起こったのか，様々な研究がなされてきた．海洋の持つ数十
年の周期変動が原因ではないかとの説もあるが，いまだよく
はわかっていない．この原因を解明することは，北極の温暖
化の仕組みを解明する重要な手立てになるのではないかと，
筆者自身も関心を持っている（Yamanouchi, 2011）．

　さて，本題の地球温暖化の中で北極温暖化増幅が起こる仕
組みに戻ろう．北極には雪，氷があることが本質的である．
雪（氷の結晶からできている）や氷はキラキラとまぶしい．

すなわち，太陽からの光を反射することが最大の働きである．黒っぽい地面や海面は太陽光をあまり反射しないのに対し，雪や氷で覆われると太陽光を反射するようになり，太陽光，すなわち日射で温めにくくしている．地表面（地面，海面）に雪や氷が広がると，日射を吸収しがたくなり，温まりにくくなる．温まらずに冷えると，さらに雪や氷が広がる．反射率のことをアルベドというが，こういった連鎖（制御工学では帰還という），フィードバックのことを氷—アルベド・フィードバックと呼んでいる．連鎖が増幅するフィードバックを正のフィードバックと呼んでいる．逆も同様であり，地面が温まると氷が融け，すると日射をより多く吸収するようになり，温まりやすくなり，さらに氷が融け，さらに温まるというくり返し，連鎖が起こる．このように，氷—アルベド・フィードバックが，北極がより温暖化しやすくなる，温暖化増幅となる最大の仕組みとなっている．

　氷—アルベド・フィードバックは，日射を通じた仕組みであり，日射の強い夏に働き，北極では日射のほとんどなくってしまう冬には効かないことになる．ところが，実際の温暖化増幅の起こっているのは，むしろ冬であり，夏はあまり起こっていない．この点が大いに謎であったが，GRENE北極気候変動研究で，数値気候モデルを使って解明を行った（Yoshimori *et al.*, 2014）．その結果が図4.4にまとめられている．(a) には，北極温暖化増幅指数ということで，地球全体の温暖化に比べ北極の温暖化が何倍になっているかを見たもので，0付近は増幅がないこと，つまり地球全体の温暖化と同じであることを示し，数値が大きくなると増幅度が大きい

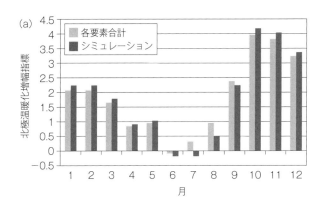

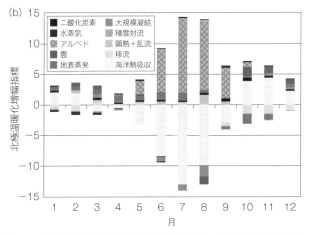

図 4.4 北極温暖化増幅に寄与する各要素の季節性.（b）各要素別の寄与，(a)（b）に示された各要素の合計が薄灰色で示され，直接シミュレーションで評価された濃灰色と比較.（カラーの元図は以下 URL の 9 ページを参照：http://www.metsoc-hokkaido.jp/saihyo/pdf/saihyo60/2014_02_1.pdf）

ことを示している．したがって，夏は増幅が小さく，秋から冬にかけての増幅が大きい．（b）には，そのもとになった作用の種々の要素ごとの寄与を示しており，アルベド・フィードバックは確かに夏に大きく作用しているのだが，その分が海の吸収熱になってしまい，差し引きの働きは少なく，その吸収した熱は秋から冬にかけて放出され，さらに雲のフィードバックの助けを借りて全球平均よりも大きな北極温暖化が維持されていることがわかる．すなわち，温暖化増幅の季節進行が詳細に示されたわけである．

海氷変動

　北極の温暖化が最も顕著に現れているのが海氷の減少である．海氷の変化は気候の変化によりもたらされるが，先の節で見たように，海氷の変化がまた気候に影響し，相互作用をしているのである．第2章で見たとおり，海氷の広がりは大きな季節変化をしながら年々変化をしており，図4.5に見るように，海氷の広がりが小さくなる夏から秋の海氷域面積が段々と減少が激しくなっている．これらは，いずれも人工衛星のマイクロ波放射計[*1]による観測からのものである．2007年に減少が激しく話題になったが，その後，GRENE北極気候変動研究が始まってから，2012年に最小面積を記録．いまだそれ以上には減少していない（図4.5）．しかし，この減少の勢いは，気候モデルで予測される，すなわち北極温暖化

＊1　地物の放射する微弱なマイクロ波を測定し，マイクロ波の放射し具合からその性質を類推するもの．人工衛星で使われているほか，航空機に搭載して測定することもあり，地上でも使われる．

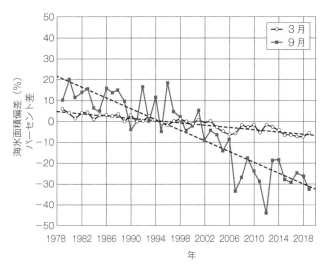

図 4.5 北極の海氷面積偏差の年々の変化 3 月（最大季節：○）と 9 月（最小季節：スミ 50%）．減少率は 10 年当たり 3 月−2.7%，9 月−12.9%．

のために予想されるよりさらに速い勢いで減少が続いているわけで，まだまだ，私たちの知らない海氷変化のメカニズムがあるのだろう．これを調べることが求められている．

　夏の海氷減少の著しい領域は大西洋側，バレンツ海，カラ海であるが，ここはすでに早くから海氷がなくなっており，最近減少が激しくなってきているのが太平洋側，ベーリング海峡側である（図 4.6）．ちょうど，GRENE 北極気候変動研究でも，多くの観測はこちら，日本から地の利がよいベーリング海峡側であったので，新しい様々な事実がわかってきた．その一つは，海洋上層の循環の変動である．夏に氷が融けて一旦なくなることが増えたため，年を越して氷として存在し

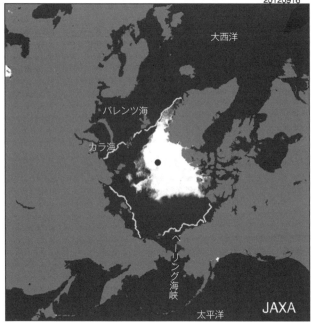

図4.6 海氷面積最小の時（2012年9月16日）の海氷面積（白色），線で囲んだ1980年代の広がりと比較．

続ける多年氷が減って，冬でも凍って間もない一年氷が増えている．ベーリング海峡を通して流入する温かい太平洋の水が熱を運び，海氷融解に貢献しており，その流入・分配にはカナダ海盆域のボーフォート渦（Gyre）が効いている．この熱の流入・分配は海氷が減ることで余計海の流れが活発になり促進されるが，その働きには時間差があること，などなどが先の観測船や係留系の観測などから明らかにされた

（Yoshizawa *et al.*, 2015）.

この節の初めに，海氷面積の変動を述べた．しかし，海氷の量という意味からは，厚さも重要である．ところが，宇宙から観測する人工衛星は水平方向の観測は得意だが厚さの観測は不得意である．ライダー[*2]を使って水面から上の氷の厚さを測り，残りの水中部分の厚さを推定しようという試みもなされているが，まだまだ試行の域を出ていない．それに対して，氷の表面状態から氷の厚さとの関係をつかんで，厚さを推定しようという手法が検討された．これには，わが国の技術で作られた分解能の高い（10 km 前後の違いが見分けられる）マイクロ波放射計 AMSR–E やその後を継いだ AMSR2 のデータが使われた．マイクロ波放射計はいくつもの波長（周波数）で測定しているので，ここでは 89 GHz と 36 GHz の二つの偏波のデータが使われ，氷の厚さが 20 cm 以下の薄い場合にはよく説明されることがわかった．それ以上に氷が厚くなると，表面状態からは推定できないということである．薄い氷には限られるが，氷を通して熱が伝わりやすいのはこういった薄い氷なので，新しい海氷の生成や海氷の融解，熱伝道，ポリニヤの生成・維持プロセスなどの議論が行われた．

この夏の海氷がどうなるのであろうかといった，海氷分布の予測が数か月前，春から可能になった．夏の海氷の広がり

---

*2　レーザー光を出して，物体からの反射光を測定し，その時間差から距離を求めるもの．開水面との違いを見れば海氷の水面上の距離＝厚さがわかり，全体の厚さも推定できる．大気中の雲やエアロゾルを見るのにも使われる．

が減ってきていることは確かだが，果たして船で通れるほど減るかどうかは，大きい問題である（北極海航路という；コラム参照）．やはり人工衛星マイクロ波データから得られた氷厚の資料と氷の動きの解析から，統計的な予測が行われるようになった．東京大学の山口研究室で始められたこの予測は（たとえば https://ccsr.aori.u-tokyo.ac.jp/~kimura_n/arctic/2019.html），ここ数年にわたって極めてよい成績で夏の海氷分布を予測できている．

コラム 1　北極海航路

　北極海を船で通過できれば，ヨーロッパとアジアの間を短い距離で繋げることができるのではないかと，北極探検の大きな目的の一つであったことは第 1 章に記した．近年の温暖化による海氷減少は，北極海航路の実現可能性を高めるという利点もあった．日本からヨーロッパまで，スエズ運河を経由する南回り経路に比べて，北極海航路を通れば 30〜40％ 短い距離となり，短時間で輸送ができ効率的になることが期待される．いまだ，わが国の船による通過は多くはないが（2018 年は 27 隻），すでに数多くの船が利用し始めている．そのための計画を作るには，本文で述べた前もっての海氷分布予測が極めて重要になるのである．とくに，まったく氷がない海が実現すれば，これまでのようにロシア砕氷船にエスコートしてもらう必要がなくなり，普通の船でも通過できるようになれば，大いに経済性は増すことが期待されている．

その他温暖化要因

　本章の最初の節で見たように，雲は，放射を通じて温暖化に影響しているはず．では，北極の雲は具体的にどのような振る舞いをしているのだろうか．国際的にも多くの観測計画で航空機や船を使った雲の研究が進められている．わが国でも，スバールバル・ニーオルスンに雲レーダーを設置したり（図 4.2），近くの山の上のツェペリン観測所で雲粒子の観測をしたりした．この観測からは，雲粒子濃度が春 5〜6 月に高く，冬 10〜3 月には低いという，大気中エアロゾルとは異なった季節変化を示し，エアロゾル—雲相互作用の特徴が示された．

　2015 年から 16 年にかけての冬，ニーオルスンで気温が−30 ℃から＋5 ℃まで急上昇することがあり，そのときは雲が発達しており，地上での下向き長波放射が著しく増加しているのが見られた．これには，雲が効いているのは確かだが，それだけでは説明がつかず，その基には，大西洋側からの温かい湿った空気が流入し，大気そのものからの下向き長波放射も増加したことが原因として見られた．すなわち，低緯度側からの湿潤暖気の流入で雲が活発にでき放射が増大したとともに，大気からの放射も増大した．このように，大気の循環の変化，ジェット気流の波打ち，極渦の歪みが効いていることがわかった（Yamanouchi, 2019）．このときには暖気は北極点を越えてまで侵入し，北極点でもまれに見る気温の急上昇があったとのことである．

　海氷が減ったことにより雲が増加傾向にあるのではないかが，モデルで調べられた．その結果，海氷が減った領域では，

雲量が増え，さらに下向き長波放射（雲の放射強制力）が増加していることが示された.

　大気中には温室効果を示す CO_2 やメタンなどのガス（温室効果気体）のほかに，粒子状のエアロゾル（浮遊微粒子）があり，多くは日射を散乱して（はね返し）地表や大気を冷やす効果を示す．中低緯度の人為起源発生源の多いところでは，その影響が無視できず大きな議論になるが，北極では元々雪や氷で覆われ，アルベドが高い地域が多い（日射は元々反射されている）ので，あまりエアロゾルそのものが加わることによる気候影響は大きくない．しかし，エアロゾルの中には，黒い色で，日射を吸収するブラックカーボン（ススなど黒色炭素）もあり，これは温暖化に寄与する．とくに白い雪・氷で覆われている極域ではその効果が大きく効くことになる．しかし，精度のよい測定が難しかったところ，GRENE 北極気候変動研究の中で，ブラック・カーボンがどのくらいの濃度で大気中に存在するか，精密な測定が行われるようになった．この測定から，夏に少なく冬に多い季節変化が示されたほか，年々の変動ではとくにバローではわずかながら減少傾向が明らかにされた（図4.7）．さらに，ブラック・カーボンは白い雪面に落ちると表面を黒くしてアルベドを高め日射を吸収しやすくすることで，雪や氷の融解を促進する．積雪中の濃度がどうなっているかも調べられ，発生源である中緯度工業地帯からの輸送のされ具合で同じ北極でも場所によって異なった分布が見出された.

　さらに，日本の観測で注目されたものに，氷河・氷床の上を覆う黒や色のついた雪氷微生物の粒—クリオコナイトがあ

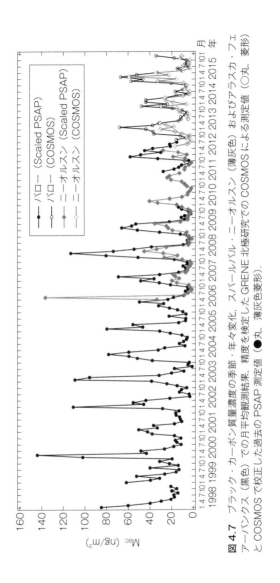

図 4.7 ブラック・カーボン質量濃度の季節・年々変化．スバールバル・ニーオルスン（薄灰色）およびアラスカ・フェアーバンクス（黒色）での月平均観測結果．精度を検定した GRENE 北極気候変動研究での COSMOS による測定値（○丸，菱形）と COSMOS で校正した過去の PSAP 測定値（●丸，薄灰色菱形）．

る．これは，雪氷の表面に存在するシアノバクテリアなどの微生物がもとになって，飛んできた微粒子を取り込み成長して粒を作るそうである．グリーンランドの海岸に近い氷河上やシベリアの氷河でも見られ，やはりブラックカーボンと同様に白い雪の上に一面に広がって色をつけ，日射の吸収を盛んにし，雪を融かす働きをしていることが明らかになった（Takeuchi *et al.*, 2014）．これが，北極全体の氷河・氷床の融解にどのくらい寄与しているかは，まだこれからの研究に待たねばならないが，極めて興味深い現象である．

第5章

北極温暖化の影響
― GRENE 北極気候変動研究 2

氷河・氷床の変動

　北極海を巡り，大陸や島の上には多くの氷河があり，また
グリーンランドは氷床に覆われているが，北極温暖化の進む
中，融解が進んでいる．陸上にある氷河・氷床の融解は，海
面水位の上昇に効くため，海氷の変化とは別に世界中に影響
を与える．

　その重要性に関わらず，北極の氷河，とくにシベリアの氷
河のことはあまり調べられておらず，GRENE 北極気候変動
研究の中で調査が行われた．東シベリアのスンタルハヤタ山
域の氷河で，ちょうど日本の真北に位置し，近くには北半球
最低気温を記録したオイミヤコンがある．その中の No. 31
氷河について，4 年間にわたって，氷河上での気象観測，ア
イスレーダーを使っての氷河の厚さの観測，雪尺や GPS を
使っての表面質量収支や氷河流動の観測など，詳しい調査が
行われた．およそ 2,200 m の標高にあり，氷河の長さは

3.4 km，平均の厚さは76 m，平均の気温−13.6 ℃であった．平均の質量収支（氷河の持つ単位面積当たり水の量にして；表面や底面の融解，降雪などが効く）は−1,256 mmで，標高の低いところほどマイナスが大きく，標高の一番高いところでもマイナスと，すべての標高の範囲でマイナス，すなわち質量収支がマイナスとプラスの間となる「平衡線」はこの氷河の範囲には存在せず，氷河全域が消耗域にあることがわかった（Shirakawa *et al.*, 2016）．60 年前のIGYの期間に調査が行われており，そのときの結果を比較して氷河の長さは約500 m短くなっているとともに，氷河末端（下端）も500 mほど後退，面積も縮小していることがわかった．平衡線もそのときは氷河の途中にあった．ほかの調査とも合わせ，2000 年代に入って氷河の縮小がとくに激しくなっていることが明らかにされた．北極にはシベリアのほか，カナダ，アラスカ，スバールバル，アイスランド，グリーンランド沿岸にも氷河が存在し，合わせると地球全体の氷河の60 %の面積になる．この北極の山岳氷河が失う氷の量は，相当な量であり，海面水位の上昇に効いている．

　グリーンランドについては，中谷宇吉郎の調査があったことからもわかるとおり，古くからかなり多くの調査が進んでいる．その結果，グリーンランド氷床は，近年の温暖化で速い勢いで氷が減っていることがわかっており，とくに2000 年代に入って勢いを増している（図5.1）．図5.2にグリーンランド氷床の氷の変遷を模式図に示した．大気中で運ばれてきた水蒸気から雪が降り，氷床を成長（涵養）させる．一方，氷床は温暖化で融解が進み，水になって海に流れ込むととも

64

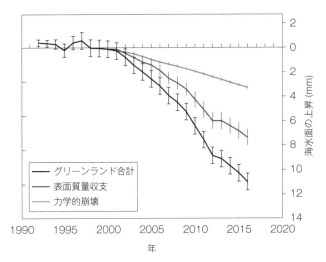

図 5.1 グリーンランド氷床の崩壊・融解による質量収支と海面水位上昇.

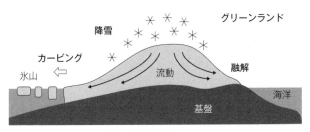

図 5.2 グリーンランド氷床の変遷模式図.

に, 氷自体が流れており, 氷河の末端は海に流れ込み, 崩壊
する (カービングという). これらのバランス (質量収支)
で氷床は成長するか消耗するかが決まるが, 近年は温暖化で,
消耗の方がまさり, 氷床は氷を失い, 海面上昇に貢献するわ
けである. 後に第 9 章に見るように, 北極のグリーンランド

と山岳氷河からの寄与が地球全体の海面水位上昇のうち，3分の1を占めている．

　グリーンランド沿岸の氷河の変化を詳しく見るため，比較的調査が行われておらず，かつ飛行場の便のあるグリーンランド北西部，カナック地域の調査が行われた．氷河末端が海に流れ込む「カービング氷河」について，人工衛星からの画像を使って，各氷河末端の変化を調べたところ，いずれの氷河でも末端が大きく後退しており，また流動速度も速まり，氷河の厚さも減少し，氷を失う勢いが増していることがわかった．さらに氷河の変化の仕組みを調べるため，現地の氷河上で観測を行い，気温上昇とそれに加えて前章で述べた雪氷微生物による表面の暗色化により，融解が進んでいることも明らかになった．このため，氷河表面での平均質量収支は−0.22 m/yrであったが，年々の変動も大きい（Tsutaki *et al*., 2017）．2012年の夏には，7月の数日間であるが，グリーンランド氷床全域で表面融解が起こったことが，近年の温暖化の激しさを象徴する現象として有名である（Nghiem *et al*., 2012など）．氷河末端の状況も詳しく調べられ，海底地形との関係や海流の具合，さらには潮汐がカービング氷河の変化に影響を与えていることも示された．今後さらに詳しい調査が必要である．

陸上生態系の変化

　北極の陸上には様々な植生が覆っている．緯度の高いカナダ多島海，グリーンランド沿岸露岩域，スバールバル諸島など，氷河に接するようにコケが広がっている．ツンドラ域で，

図 5.3 スバールバルの氷河後退域に生育するムラサキユキノシタ.

「極砂漠」ともいって不毛のような印象があるが，それでも小さなコケが精一杯繁殖しており，ところによってはきれいな花を咲かせているところもある．図 5.3 はその一つ，ムラサキユキノシタの写真である．元々氷河に覆われていたところが，温暖化で氷河が融け後退して地面が現れたところもあって，氷河の融け水が流れて生育条件が満たされている．ツンドラ域はシベリア北極海沿岸，アラスカ，カナダの凍土帯に広がっている．永久凍土とは，日本ではあまり馴染みがないが，地面の中の水分が 1 年中凍っているところである．凍土が融けると地面がえぐられたり，水たまりができたりする．近年の温暖化の影響で凍土が融けると，中に含まれていたメタンガスなどが放出される可能性があり，温暖化をより促進させる働きをするのではないかと心配されている．凍土帯で

も，緯度が下がると草が一面覆う草地，そして灌木（かんぼく）などが見られるようになる．さらに低緯度側にはまばらな針葉樹からなるタイガが広がる．これらのタイガ林には，クロトウヒ（常緑針葉樹）やカラマツ（落葉針葉樹）などの限られた樹種から成ることが多く，多様性が少ないため，外的影響に脆弱なのではないかと想像される．

このような樹木がどのように気候の変動に影響されてきたか，対応してきたか．はたまた，気候の変動の指標となるのではないかと，年輪の幅の変化が調べられた．温暖化が進めば，樹木の生育は盛んになり年輪幅は増加すると考え，かなりの地点ではそのような傾向がとらえられている．しかし，必ずしもそうではない傾向の場所もあり，樹木の成長（年輪幅）は，気温だけではなく，湿度，水分の供給状況などに大きく支配されていることを示している（Tei *et al.*, 2017）．そのことは，温暖化に伴って，植生による大気中 CO_2 固定が増加するとは限らないことを示している．さらには，温暖化に伴う土壌呼吸量の増加が効いて，北極生態系による CO_2 吸収を弱める可能性もある．

温暖化に伴って，生育条件の変化から，植生域の北へのシフトが想像されるが，いまだそれが明瞭にされるまでには至っていない．

海洋生態系変化と海洋酸性化

気温の上昇とともに海水温の上昇も著しい．海氷域の減少も，水温の上昇とととともに海に住む生態系への影響は大きい．GRENE 北極気候変動研究では，このような海洋環境の変化

がもたらす生態系への影響が調べられた．北極の中でも太平洋側，ベーリング海からベーリング海峡を通ってチャクチ海，東シベリア海などで，海洋地球研究船「みらい」や北海道大学水産学部の練習船「おしょろ丸」などで調査が行われた．その結果，とくに陸棚域で海氷が早く後退することになった影響から大型の植物プランクトンの増加が見られたこと，本来太平洋に棲息していた動物プランクトンや回遊性の魚（タラ，マスなど）・海生ほ乳類（アザラシ，くじら）さらには海鳥が北極海にも棲息するようになっているなど，生態系の北へのシフトがここでも起きていることが明らかになった．しかし，太平洋産の動物プランクトンが必ずしも北極海で定着できそうにないこともわかり，様々な食物連鎖もからみ，この変化が永続的に起こっているのか，一時的なものなのかはいまだ定かではない．

　北極海そのものの変化（物理，化学的）も大きい．先に述べた水温の上昇に加えて，海氷の融解に伴う淡水の増加，取り囲む大陸からの河川流入の増加により塩分の低下，淡水化が進んでいる領域もある．深刻な変化は海洋の酸性化である．海は人間活動で放出された CO_2 の内，4分の1以上を吸収してくれている．ということは，結果的に海の中の炭酸濃度（CO_3^{2-}）は高まっているのであり，同時に水素イオン濃度（pH）が高まっているわけで，酸性の方向に進んでいる．海洋が酸性化すると，プランクトンや貝類，甲殻類などが炭酸カルシウムの殻を作りがたくなってしまう恐れがある．北極の海は水温が低いために CO_2 をより多く溶かしていることと，河川水が流入することにより元々炭酸カルシウム飽和度

が低く，ほかの暖かい海域に比べ早くから酸性化の影響が現れると予想されている．炭酸カルシウム飽和度の観測が行われてきているが，季節的に低くなる現象がとらえられている．温暖化そのものではないが，大気中 CO_2 増加に伴う大きな問題である．

大気中 CO_2 やメタンの変化

このように，北極では CO_2 などの温室効果気体は温暖化の基になっているだけでなく，温暖化の影響も受け，生態系がそのソースにもシンクにもなり得，収支を左右することにもなり，北極気候変動議論の要になっていることがわかる．大気中の CO_2 やメタン濃度はグローバルな収支の最終結果であるが，その変化を主導している一端が北極にあることもわかってきた．図 5.4 はスバールバル・ニーオルスンで，これまで 30 年以上にわたって大気中の CO_2 濃度や関連する成分を計ってきた結果の一部である．上段（a）が CO_2 濃度の変化で，全体が右肩上がりで 400 ppmv を大きく越えている．全体のトレンドは地球全体で同様である．20 ppmv を越える大きな明瞭な季節変化が見え，冬に濃度が高く夏に濃度が下がる，陸上植物の光合成による CO_2 の取り込み（呼吸よりはるかにまさる）によっていることがわかる．一方，海洋も上に述べたように CO_2 を吸収している．この両者で，人間活動で放出された CO_2 の約半分を吸収してくれている．

さて，植物による CO_2 の固定と海による CO_2 の吸収がそれぞれどうなっているかを知る必要があり，大気中の成分から求める方法を紹介しよう．一つは，CO_2 の中の C の同位

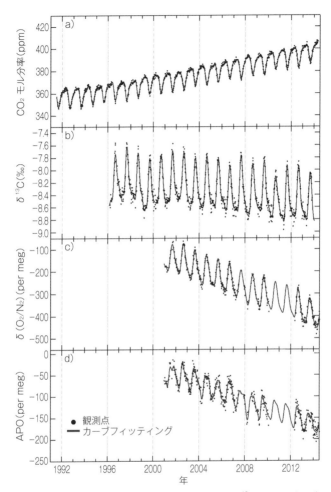

図 5.4 スバールバル・ニーオルスンにおける CO_2, $\delta^{13}C$, δ, APO の変化.

体[*3] ^{13}C の比率を調べる方法で，^{13}C の比率（δ^{13}C）が植物との交換と海との交換で異なる（同位体分別という）ことを利用するものである（図5.4b）．もう一つは，植物との交換，すなわち光合成や呼吸では CO_2 が変化した分だけ酸素（O_2）濃度も変化するところ，海との交換では基本的には CO_2 の変化には O_2 の変化は伴わないことを利用するもので，O_2 濃度の測定を行う必要がある．大気中の O_2 濃度とは約21%だというのは習っており，CO_2 のようにわずかに変化するものとは関係ないような気がして誤差範囲内ではないかと思いがちである．しかし，まさにその誤差のような小さな変化が確実に起こっており，海と陸上植物の役割の分離に使えることがラルフ・キーリング（Keeling, 1996；チャールズ・キーリングの息子）によって示された．国立極地研究所・東北大学のグループでもこの観測に取り組むことになり，図5.4（c）のような結果が得られた．さらに，海洋そのものからの O_2 放出もわずかにあることがわかり，この補正をした APO（＝$[O_2]+1.1[CO_2]$；Atmospheric Potential Oxygen という）を使うことで，より直裁的にシンクを分離できる．これらの結果をあわせ解析することで，結果が図5.5のように得られた．2001〜2013年平均では O_2 濃度による方法からは海への吸収が 2.2 Gt[*4] C/yr，陸上植物への吸収が 1.7 Gt C/yr，一方 δ^{13}C の方法では年々の海への吸収，陸上植物への吸収量の変化が

　＊3　同じ元素で陽子の数は同じでも，中性子の数の異なるものが存在し，これらを同位体という．^{12}C に対し ^{13}C，^{14}C があり，^{1}H に対し ^{2}H（D），^{16}O に対し ^{17}O，^{18}O がある．
　＊4　ギガトン＝ 10^9 t, 10^{15} g

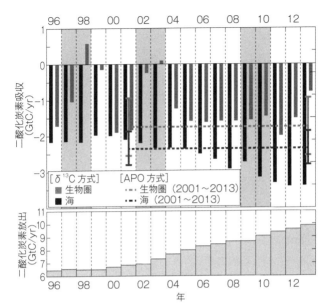

図 5.5 CO₂ の吸収源（シンク）の変遷，海洋によるもの，陸上植物によるものについて，δ¹³C 法による評価と APO 法による評価．下は CO₂ 放出量の変化．

示されている．植物による吸収は年々の気候に大きく左右され，変動が大きいようで，年間で正味の吸収量が 0 や放出になる年もある．それに対して，海への吸収は比較的安定的であるが，2000 年代に入って次第にシンクが増大しているように見える．ほかの研究によれば，2008〜2017 年平均の CO₂ の収支は，人為起源発生 9.4 Gt に対し，そのうちの 4.7 Gt は大気中に残留し大気中濃度を高め，残る半分の内 2.4 Gt は海洋に吸収，1.7 Gt が陸上植物への取り込みと，ほ

ぼ同様な評価がなされている．ただし，差し引き 0.5 Gt は行き先不明（あるいは誤差）である．

　以上は，CO_2 の吸収，放出を受けた結果としての大気中濃度からの議論であり，これをトップダウンの議論というが，一方，その主役である地上の植物側からの議論（ボトムアップの議論という）も行われている．先の節で見た年輪の議論もその一つで，多くは，年輪幅は気温と正の相関があり，温暖化によって樹木は生長する，すなわち CO_2 をより多く吸収するようになるというものである．しかし，場所によっては東シベリアなど，気温と負の相関があり，温暖化によって成長は弱まり，CO_2 吸収が減少するということを示している．植物による CO_2 吸収は地域によって様々であるため，これらを統一的に理解するための生態系モデルが開発されている．そういったモデルの検証が GRENE 北極気候変動研究の中で行われた（GTMIP：陸域課題 GRENE-TEA Model Inter-comparison Project）．GTMIP 参加モデルと先のトップダウンによる大気インバージョン（逆推定）モデルによる評価，そして地上での直接 CO_2 フラックス測定の結果が比較された．その結果の図 5.6 によると，数値の大小はあるものの，いずれの結果も，夏6〜8月には CO_2 は光合成がまさり吸収になりそれ以外の季節には呼吸がまさり小さい放出となっている．通年では CO_2 の吸収，すなわち生態系が CO_2 のシンクとなっていることがわかる．将来予測としては，いずれのモデルでも CO_2 吸収の増加が期待されるものの，先述した CO_2 吸収が減少する地域もあり，さらにはここでは詳しく見ていないが，土壌呼吸が増加するという問題もあり，今後

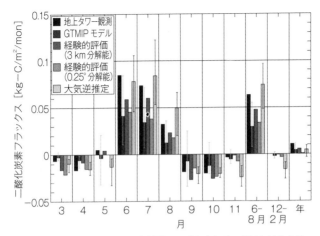

図 5.6 東シベリア・ヤクーツク近郊・スパスカヤパッドにおけるタワーフラックス観測結果と GRENE 北極研究陸域モデル相互比較プロジェクト（GTMIP），および逆推定モデルによる生態系純一次生産（NEP）の 3～11 月と夏（6～8 月），冬（12～2 月）の比較.

CO_2 吸収量は減少する，すなわち北極域の CO_2 シンクとしての機能が弱まる可能性も指摘された.

CO_2 吸収による海洋酸性化の問題はすでに述べたが，海洋への CO_2 吸収そのものはどうなっているだろうか．現場観測としては，「みらい」航海でチャクチ海とカナダ海盆において 9～10 月の大気中濃度や表層海洋中の CO_2 分圧などが測定され，その差し引きとして CO_2 吸収が評価された．その結果では，海域により大きな違いが見られ，水深の浅いチャクチ海で CO_2 分圧が低く，植物プランクトンが夏に大増殖し CO_2 を多く消費したためであると説明された．一方，カナダ海盆域では，表層下では生物生産が高く CO_2 は未飽

和の状態にあったが，表層は栄養塩の乏しい海氷融解水に覆われることで，生物生産が抑制されCO_2の吸収は弱くなっていることがわかった．このことは，今後温暖化で海氷の融解が進むと，開水面が広がることによりCO_2吸収が増える可能性だけではなく，融解水が広がることでCO_2吸収を抑える方向の可能性もあることを示している．

　北極海全体で，CO_2フラックス[*5]がどのような分布を示しているかの評価がなされた．直接観測のデータは限られているため，観測データのある場所での水温，塩分，海氷密接度などからCO_2分圧との関係式を求め，それを北極海全域に内外挿し，さらに気象再解析データ[*6]（NCEP）の風速場を使ってCO_2フラックスを評価したものが図5.7である．北極海全体で1997〜2013年の平均CO_2フラックスは-180 ± 210 Tg[*7]C/yr と，強い吸収域であることが示された．グリーンランド海，ノルウェー海やバレンツ海でとくにCO_2吸収が大きくなっているが，とくにこれらの海域では冬に風が強く，グリーンランド海やノルウェー海では吸収速度は 15 m mol/m^2/day を超えていた．CO_2フラックスの季節変化は，おもに風速の変化に支配されているのに対し，年々変化はおもに海洋表層のCO_2分圧の変化に起因しており，グリーンランド海やノルウェー海では，近年の水温低下傾向に伴う大気海

＊5　流束，ある断面積を通る物理量の流れ．
＊6　観測点がまばらなデータの間を埋める―補間する―ように，大循環モデル（GCM）を使って合わせ込み，全球の格子点での数値を提示する．
＊7　テラグラム＝10^{12} g

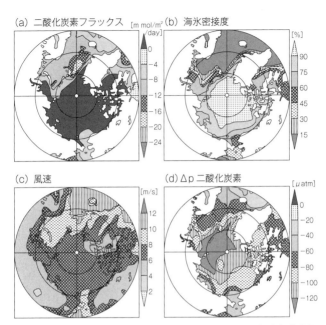

(a) 二酸化炭素フラックス [m mol/m²/day] (b) 海氷密接度 [%]

(c) 風速 [m/s] (d) Δp 二酸化炭素 [µatm]

図 5.7 北極海における大気海洋間 CO₂ フラックスの平均分布（a）（1997～2013 年）および海氷密接度（b），海上風速（c），CO₂ 分圧差（d）.

洋間 CO₂ 分圧差の増大が効いて，海洋への CO₂ 吸収が増加する傾向が見られた．一方，海氷減少に対する CO₂ 吸収の変化は海域によって異なり，統一的な結論は得られなかった．

北極－中緯度リンク，北極温暖化で日本は寒冬・豪雪になる

　今年 2020 年のわが国の冬は暖冬だったが，その前，ここ数年は（2017～19 年など），冬 1 月に強い寒波が到来し豪雪に見舞われている．「温暖化」といわれるのに，おかしいで

はないかと思われたかもしれない．しかし，じつはこの寒冬・豪雪が，北極が温暖化したためではないかという説が唱えられている．アメリカ東岸でも同じような現象がいわれたが，たんなる気候のゆらぎなのか，本当に北極温暖化が原因なのか，まだ議論は決着していない．これまで多くの研究がなされてきたが，ユーラシア東岸・日本への影響については，わが国発の研究が活発であり，確実性が高い．北極海の大西洋に近い側，バレンツ海，カラ海の海氷が温暖化に伴って減少して開水面が広がったことにより，熱供給が盛んになり大気中の波の伝達に影響し，シベリア高気圧を強め寒気の吹き出しを強めたという論文を嚆矢に（Honda *et al.*, 2009），バレンツ・カラ海の海氷減少が低気圧経路を変えることでシベリア高気圧を強めるという詳しい気象場の説明をしてこの関係がより強固なものとされた（Inoue *et al.*, 2012）．その結果，わが国の天気予報でも，これまではもっぱら熱帯の状況（エルニーニョ現象[*8]など）から日本の気象への影響が言及されていたところ，冬の気象場，寒波の到来には北極の影響も注視されるように変わってきた．

　その後，GRENE北極気候変動研究でも主要課題の一つとして取り上げ，観測データ（客観解析）やモデル（上空の成層圏までよく扱える高い高度までのモデル）を使った検証が進められた．温暖化による北極の海氷減少がユーラシア東岸・日本の寒冬・豪雪に影響するという遠隔作用は同じであ

---

　　*8　東太平洋赤道域の水温が平年より高い状態が継続する現象．異常気象の原因といわれている．

るが，上に述べた対流圏を通した因果関係だけでなく，成層圏を通しての遠隔作用（信号伝播）があったという説明がなされた（Nakamura *et al.*, 2015）．バレンツ・カラ海の海氷減少が，海から大気への熱輸送を増大させ，それが対流圏の波を活発にし，それが成層圏に伝わり（上方伝播）成層圏の極渦を弱める．弱められた成層圏の極渦は対流圏の極渦にも影響し（下方伝播）これを弱め，北極振動*9負の状態をもたらす．すなわち，ジェット気流は蛇行し，極側に蛇行する場所では北極の温暖化を強め，低緯度側に蛇行するユーラシア東岸や日本付近では北極の寒気が南下して寒い冬をもたらす．その仕組みは図5.8左の概念図に示し，その結果は図5.9である．モデルおよび観測結果からの表示がなされているが，現実（観測）は中緯度のより広い範囲で寒冷化が見られるが，モデルではユーラシア東岸・日本付近以外はそれほど顕著ではない．緯度帯平均をしても（図5.9（b），（d），北緯40〜50度に寒冷化が出ている．

　さらに，議論を補強する研究もなされた．成層圏経由の信号伝播を確認するために，モデルの上端境界を低くして，このような影響の伝わり方（成層圏―対流圏結合が効いていること）が確実であることを実証した．また，もし将来的に海氷減少がさらに進んでしまった場合，この北極と中緯度気象

＊9　北極と北半球中緯度の気圧が相反して変動するシーソー現象．北極がより気圧が低いときを北極振動が正であるといい，逆に北極の気圧が平均より高いときを北極振動が負の状態にあるという．極渦の強弱に関係し，北極振動が正のとき，極渦は強まり円形に近く，歪みは小さくなる．

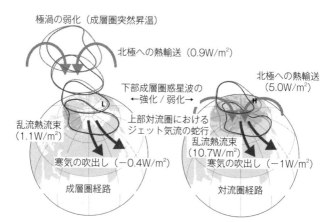

図 5.8 北極海氷減少によるユーラシア東岸・日本の寒冷化についてのメカニズムを示す概念図. 左は成層圏経由の遠隔影響伝播. 右は海氷減少が進んで成層圏経由の影響が効かなくなり対流圏を通した遠隔影響伝播しか働かなくなった場合.

とのつながりがどうなるかも検討された. その場合には, 因果関係は引き続き成り立つが, 成層圏とのつながりが弱まって, 対流圏経由の信号伝達だけになることが示された (図 5.8 右). 結局, この温暖化による北極海氷減少がユーラシア東岸・日本の寒冬・豪雪に影響するという遠隔作用は図 5.8 右と左の概念図に示すように, 対流圏経由と成層圏経由という二つの信号伝播経路があることが明らかにされた.

　いずれにしても, 海氷の変化は直接海面水位を変えるようなことはないが, 海と大気との間の熱のやりとりに大きく影響し, ひいては大気大循環に, 地球規模の気象・気候に影響を与えるということである.

(a) 850 hPa 面における気温偏差
　（氷少モデル—現状：12，1，2月）

(b) 緯度帯平均 T850

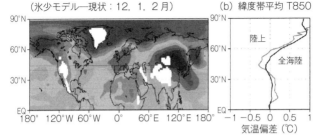

(c) 850 hPa 面における気温偏差
　（ERA-Interium による回帰 11，12，1月）

(d) 緯度帯平均 T850

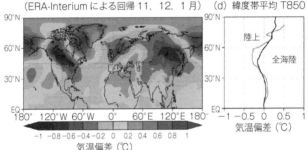

気温偏差（℃）

図 5.9 北極海氷減少による北半球の気候変化．（a）モデル計算による
850 hPa 面における海氷減少による気温偏差，12，1，2月平均，（b）モ
デルによる帯状平均気温偏差，（c）観測による（ERA-Interim 客観解析）
850 hPa 面における海氷減少による気温偏差，11，12，1月平均，（d）
観測による帯状平均気温偏差．（カラーの元図は以下 URL の Figure 6
を参照：https://agupubs.onlinelibrary.wiley.com/doi/full/10.1002/
2014JD022848）

コラム2　北極に住む先住民と在来知

　北極圏には約400万の人間が住んでいるが，そのうちの10%は，先住民，"indigenous people"と呼ばれるヨーロッパ人が探検の後に移住して来る前から原住の人々である．数万年前から北極圏に住んでいる人々で，環北極に広がるサーミとかアラスカ，カナダそれにグリーンランドに住むイヌイットと呼ばれる人々が代表的であるが，アイスランドを除く北極圏7か国におよそ40の種族に分かれて住んでいる．その言語から文化，歴史や経済的背景なども各種族の間でも様々で異なるが，一様に西欧的近代化，グローバル化で生活に政治，経済的圧迫を受けている．これらの人々の権利と生活をどう守っていくかは，北極圏各国の重い課題になっている．とくに地場の動植物を生活の糧にしていることから，近年の北極温暖化による深刻な影響が懸念されている（Arctic Center/University of Lapland；www.arcticcentre.org/EN/arcticregion/Arctic-Indigenous-Peoples）．

　一方，先住民は北極の環境の中に長年生きてきたことから，その蓄積されてきた経験，知識は計り知れない．最近になって北極を研究し始めた私たちは，物理・化学的な観測を通じてしか認識できないところ，彼ら先住民の経験知，在来知の助けを借りていこうという動きが盛んになってきている．激しい温暖化，環境変化に見舞われている北極で彼ら先住民のためにも必須である研究に，先住民の在来知を生かしていくべく考えていくときだろう．

第6章

南極観測最前線

オゾンホールの発見と消長

　オゾン（O_3）とは，上空 15〜20 km に多く存在する気体で，酸素（O_2）から太陽の紫外線を受けて作られている，極微量な気体である．オゾン自体，また紫外線により分解されてもしまうので，ちょうど生成と破壊のバランスから，ある高度で極大値を取る分布をしており，オゾン層といわれる．オゾンは，紫外域に強い吸収帯を持つため，太陽からの紫外線を吸収しその大気層を温めるとともに，対流圏や地上に到達する紫外線をカットする役割も果たしている．微量な成分ながら，地球大気の熱収支を決めており（成層圏ができているのもオゾンの働き），また地上に生活する生き物を有害な紫外線から守る働きもしている．このように，大気の熱的構造に重要な働きをなすことから，南極昭和基地でも観測が古くから続けられてきた．

　1982 年，第 23 次隊の忠鉢繁隊員は春先になってオゾン全

量が著しく少なくなっていることに気づいた（Chubachi, 1984）．このオゾン特別観測は，第23次隊から始まった，中層大気総合観測計画（MAP）の一環であり，当初はそれほど重きを置かれた観測ではなかった．しかし，成層圏オゾンの急減を始めて観測したということで，大変重要な結果であり，わが国南極観測の中でも最大の成果の一つとなった（2007年の南極観測50周年記念式典でも皇太子殿下の祝辞の中でも言及されている）．ところが，先のオゾン量の急減を発表した論文は，筆者たちが編集した国立極地研究所発行の雑誌で（Memoirs of National Institute of Polar Research Special Issue No. 34, 1984.12 刊行）国際的な知名度があまり高くなく，その後1985年に有名科学誌であるNature誌に発表されたイギリスのファーマンほか論文（Farman *et al.*, 1985）がより有名になってしまい，若干残念な結果であった（詳しくは山内，2009参照）．ファーマン論文では，オゾン量の減少をフロンの増加と関連づけ，フロンがオゾン破壊の原因ではないかとの仮説を唱えていることが優れていた．忠鉢は，ゾンデによるオゾンの鉛直分布の観測も行っており，高度15〜20 km層のオゾンの減少が明瞭にとらえられている．これは貴重な結果であり，後にオゾンホール成因解明に資したスーザン・ソロモンの論文（Solomon *et al.*, 1986）の基礎になり，大いに貢献している．

　その後のオゾンホールは，春先9〜10月のオゾン全量の年々の変化を示した図6.1の通りである．1970年代までは年々変動は大きいものの，特段の変化傾向は見えない．それが1980年代に入ると急激な減少が起こり，1990年代は底を

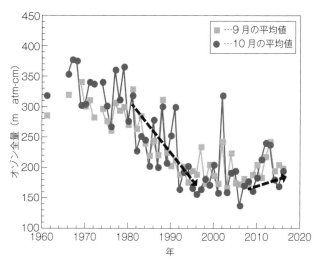

図 6.1 昭和基地におけるオゾン全量の年々変化. 春先 9 月および 10 月.

打ったように低い値が続いた. この頃のオゾンの鉛直分布の時間変化を見たのが図 6.2 である. 本来オゾンが多く存在する 15〜20 km の層のオゾンが次第に破壊され, 春先にほとんど破壊尽くされ, これ以上減りようがないので, 図 6.1 でも, オゾン全量としても底を打ったように低い値が続いているのである.

　以上は, 昭和基地 1 点でのオゾンの変化であるが, 水平の分布はどうなっているのであろうか. 図 6.3 には, 人工衛星から見たオゾン全量の水平分布の推移を示している. オゾン量の少ない領域が次第に広がり, 南極大陸を覆う広さに拡大していることがわかる. オゾンの少ない領域はちょうどオゾンの層に孔が開いているようになっているため, オゾンホー

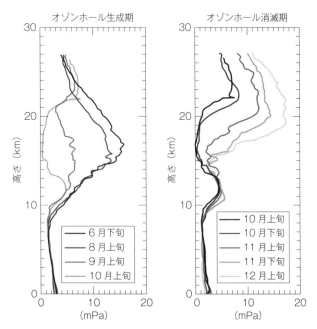

オゾンホール生成期　　　　　　　オゾンホール消滅期

図 6.2　昭和基地におけるオゾン濃度（分圧）鉛直分布の推移.

ルと呼ばれるようになった．じつは，人口衛星によっても
1980 年頃からオゾンホールは見つけられてよかったはずだ
ったのである．ところが，観測値があまりにも低いためにエ
ラーとしてそのデータは排除されてしまっていた．地上観測
からオゾン量の急減を聞き，急ぎ以前のデータを調べたとこ
ろ，オゾンが減少していることがとらえられていたわけであ
る（Storalski *et al.*, 1986）.

　それでは，なぜ南極上空のオゾンが壊されるのであろうか.

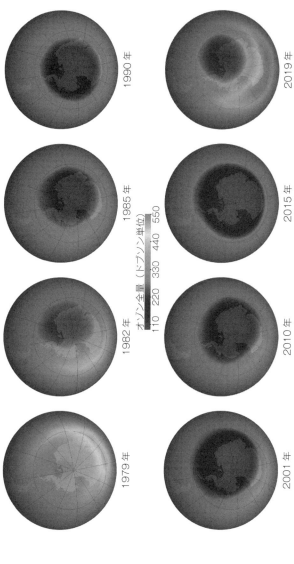

オゾン全量（ドブソン単位）

110　220　330　440　550

図 6.3 人工衛星から見た南半球のオゾン全量分布．10 月平均の時々．

1990 年

1985 年

1982 年

1979 年

2019 年

2015 年

2010 年

2001 年

すでに 1970 年代に，人為起源物質であるフロン（クロロフルオロカーボン；$CFCl_3$：フロン 11，CF_2Cl_2：フロン 12，CCl_4：四塩化炭素，CH_3CCl_3：メチルクロロホルムの総称）によりオゾンが破壊されることは，クルッツェンやモリナ，ローランドによって見つけられていた（3 人は後にノーベル賞受賞）．しかし，それならば，発生源の多い北半球でオゾン破壊が進むはずなのだが，実際には南極上空で起こっている．この原因解明のため，アメリカでは大々的な航空機を使った南極成層圏の観測キャンペーンが実施され，先に述べたスーザン・ソロモンの提唱に従った原因は突き止められた．すなわち，南極上空の成層圏には強い西風の渦，極渦が存在するが，南極は寒いために，極渦内部もとくに冷えて極渦が著しく発達する．そのため，低緯度側にあるオゾンの多い空気は極渦内に入り込めず，極渦内のオゾンは低めになっている．ところが，著しい低温（$-70\,^\circ\text{C}$以下になる）のため，成層圏でも水蒸気や硫酸，硝酸などの雲粒（極成層圏雲 PSCsという）が生成されることが発見され，その雲粒の上でフロンの破壊反応が進み，そこに春先に太陽光が当たると塩素原子が作られ，オゾンを破壊するということである．この反応は次々と進むため，オゾンが破壊し尽くされてしまうのである．こうして，低温と極渦の発達が，オゾンホールが南極で起こる条件になっていることが明らかになった．極成層圏雲の観測も昭和基地での観測が先鞭をつけた．名古屋大学から第 24 次隊に参加した岩坂泰信隊員は，成層圏エアロゾルを観測する大型のライダーを持ち込み，1983 年冬，成層圏に異様に濃いエアロゾル層が気温$-80\,^\circ\text{C}$以下の層に存在するこ

とを発見（Iwasaka, 1986），後にこれが極成層圏雲であることが判明した．同じ現象は，人工衛星 Nimbus 7 の SAM–II という観測器でも見つけられており，幻の雲といわれていたが，マッコーミックは「Polar Stratospheric Clouds 極成層圏雲」として発表していた（McCormic *et al.*, 1982）．面白いことに，先のオゾンホールを観測したのも，この同じ人工衛星 Nimbus 7 なのであったが，両者の議論はつながっていなかった．

　では北極ではどうなのだろうかと疑問がわく．北極上空も南極同様に成層圏に極渦が存在するが，北極は南極ほど寒さが厳しくなく，極渦の発達も弱い．したがって，極渦内部の気温も南極ほど下がらず，雲粒もできないことが多く，オゾンホールは発生しない年が多い．しかし，北極でも条件次第で極渦は発達し，低温が実現し，オゾンホールがある程度発達することもある．これまででは，2011年そして今年，2020年の北極オゾンホールが大きく，南極オゾンホールの小さかった年に匹敵する規模であった．

　さて，フロンによるオゾン破壊は由々しき問題である．オゾンホールの問題がいわれる前から，フロン規制の議論は始まっていたが，オゾンホール問題が明らかになるや，議論は加速し，ついにフロンの使用禁止にとどまらず，製造禁止にまで至った（ウィーン条約，モントリオール議定書）．こうしたフロン規制を受け，大気中濃度も実際に増加が止まり，さらには減少傾向となった．図6.4に日本国内と南極昭和基地でのフロン濃度の推移が示されているが，増加傾向のときには，南極側で少し濃度が低い，つまり発生源のある北半球

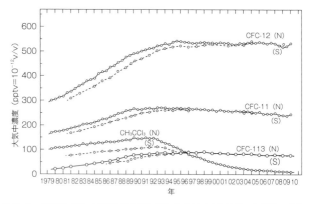

図 6.4 北海道（N）と南極昭和基地（S）における大気中フロン濃度の変化.

日本での濃度より 2〜3 年遅れで南極での濃度が追随している．それが，規制が功を奏して濃度上昇が止まると，地球全体の濃度が均一になり，南極も日本での濃度と同一になって減少していく様子が見られる．このような結果を基に，WMO/UNEP の「オゾン破壊に関する科学的評価」報告書（WMO, 2018）では，フロン濃度がオゾンホール発見時，1980 年頃の濃度に下がれば，オゾンホールは解消する．それは 2060 年頃であろうといわれている．このように，数ある地球環境問題の中で，オゾンホールは人類が解決の道筋をつけた第一の問題として高く評価されている．ひるがえって，CO_2 問題の難しさを思う．

　ちなみに，もしオゾン破壊物質の規制が行われず，フロンが放出し続けられていたらどうなるか，といった興味ある論文が出されている（Newman *et al.*, 2009）．それによれば，

南極，北極のオゾンホールはいうに及ばず（通年にわたって出現），2065 年には地球全体で大気中オゾン全量は 100 DU（m atm-cm）程度に減ってしまう．その影響は成層圏の著しい寒冷化，風系の変化，そして地上に降り注ぐ有害な紫外線の著しい増大（中緯度の 7 月の条件で波長 291 nm では 1980 年の 1,000 倍！）となって現れる．

CO_2 など温室効果気体の長期観測と気球観測

　地球温暖化がいまだ世の中の議論に上がらない 1957 年から，アメリカのチャールズ・キーリングは地球全体の大気中二酸化炭素（CO_2）濃度を測ろうと，代表的値が得られることを期待してハワイ（マウナロア）と南極点（アムンセン・スコット基地）で長期連続観測を開始した（この画期的な仕事は，1960 年代に入り，たんなるルーチンワークに過ぎないと，全米科学財団 NSF から予算をカットされた．どこの国でも真の科学の理解にはほど遠い）．わが国でも遅れること 25 年，東北大学のイニシアティブで，1984 年より昭和基地にて CO_2 連続観測を始めた．昭和基地は近くに発生源がなく，また風向が一定のときが多いなど，清浄な空気を測定できる条件に恵まれ，極めて精度の高いバックグラウンドの測定値が得られることが明らかになった．したがって，地球環境のモニタリングに最適な場所であることがわかる．こうして得られた昭和基地での大気中 CO_2 濃度の変動が図 6.5 である．先に紹介した，北極スバールバル・ニーオルスンでの測定値を重ねてある．南極での変化は，北極に比べて季節変化がはるかに小さい．これは，CO_2 を取り込む陸上植物の活

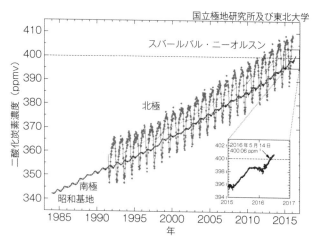

図 6.5　昭和基地における大気中二酸化炭素濃度の変化（黒），北極スバールバル・ニーオルスン（灰）と比較.

動が北半球で大きいため，活動が活発な夏季に光合成で CO_2 は取り込まれ大気中濃度は下がる．一方，冬には植物の活動は低下し光合成は行われず呼吸のみが行われ CO_2 は放出され，大気中の濃度は上がる．この植物の活動が南極周辺ではほとんどないこと，北半球の季節変化が遅れて伝わった結果であるとのこと.

　北極，南極とも，全体では右肩上がりで，およそ年 2 ppmv の率で増加しており，人為起源の発生によるものである．季節変化成分を除いた点線で見ると，北極に比べ南極は約 4 ppmv ほど低い値になっている．これは見方を変えれば，南極が 2〜3 年の遅れで北極の値に追随しているようにも見え，先に見たフロン濃度の南北比較（図 6.4）と同様，地球

大気の循環の速さを示している．同時に，人間の活動が盛んな北半球からはるか離れた南極でも，ほぼ同じような増加傾向を示しているわけで，地球大気全体が人間活動の影響下にある，南極もその影響から逃れられないということである．

CO_2 の変化がどのように起こっているのか，人為起源発生に対しどのような吸収機構―シンク―があるかについて調べるため，北極の章で述べたのと同様，炭素同位体比（$\delta^{13}C$）や酸素濃度の測定が行われている．

南極の大気中 CO_2 濃度の変化は，北半球からの輸送の結果であることは述べたが，ではどのような仕組みで輸送されているのだろうか．大気の上層で輸送されているらしいことはいわれてきたが，より詳しい仕組みを理解するために，大気中の濃度の鉛直分布を測定する気球実験が行われるようになった．最初は日本国内，三陸の大気球観測所（宇宙科学研究所，現在は北海道大樹町に移転）で，実験が行われてきたが，1997/98 年シーズン，ついに南極昭和基地でもこの大気球による観測実験が実現した．大型の気球に，いろいろな高度で大気を採取するフラスコを 12 個ほど組み込み，空気を固化（冷凍）して取り入れるよう，液体ヘリウムで冷却する大きなゴンドラ（300 kg を超える）をつり下げて，飛揚させるものである．空気試料は回収して実験室で分析しなくてはならないために，上空に飛揚した後，ゴンドラを切り離しパラシュートで落下させ，それを回収するというものである．したがって，遠くに落下したのでは発見が難しいし，回収しに行くことも難しい．そこで，風の弱い条件―南極沿岸では対流圏上層の風が西風から東風に変わりまた戻る前後―夏の

1〜2週間しか最適な条件は得られない（成層圏は夏は元々弱い東風；第2章）．まさに，回収できるか否かが実験の成否の大きな部分を決めてしまう．そこで，「回収気球実験」と呼んだ．そのための，小型のゾンデを使った回収の訓練も，数年にわたって実施した．

　回収気球実験を行った1998年1月の観測風景の写真を図6.6に，観測結果を図6.7に示す．かなり良好な条件で飛揚はできたが，このシーズンは海氷の融解・流出が進んでおり，落下地点が予定した海氷上ではなく，開水面になってしまった．そのため，ゴンドラの捜索も困難を極めたし，回収には大型のしらせが出動する必要があった．それでも，無事に回収され，試料は国内持ち帰りのうえ分析され，CO_2（図6.7）はじめ様々な温室効果気体の濃度が明らかにされ，南極初の成層圏大気中濃度が示されたわけである．なお，図6.7の下の方には，対流圏の濃度も記してあり，これは小型の飛行機により観測した結果で，測定された6〜7 kmまではほぼ一定の濃度であることがわかり，その対流圏の値から圏界面（対流圏から成層圏への境界）を経て急激に減少している様子がわかる．さらに上空に行くと，一定した成層圏濃度を示すようになる（Aoki *et al.*, 2003）．このことから，CO_2は成層圏を通って下層に運ばれる訳ではなく，対流圏上層を通って極域まで運ばれていると見るのが妥当である．成層圏には熱帯域の圏界面を通して下の対流圏から運び込まれ，それがさらに極域の方向に輸送されているとのことである．そのため，成層圏に運ばれるのに時間がかかるため，少し昔の空気（4〜5年といわれている）がきているということで，濃度が

図 6.6 昭和基地における回収気球実験 1998 年の様子．上はヘリウムガスで気球をふくらませている所，下は大気採取装置を入れたゴンドラ．

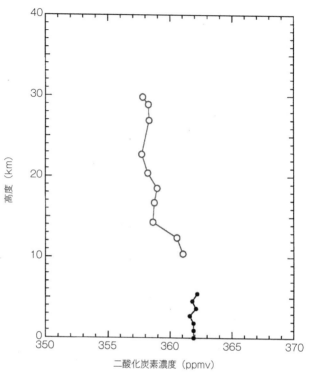

図 6.7 回収気球実験による成層圏の CO_2 濃度鉛直分布（白丸）．対流圏の分布は小型航空機によるもの（黒丸）．1988 年 1 月，昭和基地．

低くなっている．

　液体ヘリウムや気球を飛揚させる多量のヘリウムガスの輸送，多くの人手を要するなど，非常に大掛かりな実験のため，毎年実施するのは困難であり，2 回目は 2003/04 年シーズンにほぼ同様の規模で実施された．その結果，成層圏での CO_2

濃度（ほぼ一定を示す 20〜25 km で）も，この 6 年で，対流圏・地上とほぼ同様に約 9 ppmv 上昇していることがわかった．

　このような観測は継続されることが望まれるが，なにぶん大掛かりなため，小規模で実現させる方策が検討された．新たに開発されたものは，空気試料を冷却するために液体ヘリウムを使わずに冷却するジュール・トムソン（JT）効果を使った冷却器を使うことであった．クライオサンプラー，ないし JT サンプラーと呼ぶ．ネオンガスを急激に噴出することで冷却が実現し，空気を固化採取することが可能となる．1 サンプル当たり 1 冷却器が必要になるので，気球を小型に抑えるため，1 台のゴンドラには 2 セットを搭載，1 回の飛揚で 2 高度の試料採取を行うものとした．気球が小型のため，比較的容易に飛揚が可能となり，1 シーズンに数発の飛揚を行うことで，高度の数を稼ぐことができた．このような小型回収気球実験を，その後 5 年に 1 回程度の頻度で実施し，成層圏の温室効果気体濃度の変化を追っている．南極とともに日本国内および北極を含めた対流圏と比較した成層圏での CO_2 濃度の経年変動が明らかにされており，成層圏での濃度が対流圏より低く，遅れた年代の値を見ていることがわかる．さらに詳細に見ると，濃度の上昇傾向にわずかな違いがあり，成層圏の濃度の上昇の方が遅い，すなわち成層圏大気の年代がより遅れる傾向にあるように見える．これは，成層圏年代の遅れの問題として大いに議論のあるところで，これまで数値モデルによる計算では，温暖化に伴って成層圏年代は早くなっている，すなわちこの気球観測の結果とは反対の傾向を

示しており，その違いの説明に苦労している．

エアロゾルと航空機観測

　大気中の浮遊微粒子，エアロゾル粒子は，土壌，鉱物，火山噴煙や海塩粒子など自然起源のものや工場や自動車の排気さらには森林火災（これは自然起源でもあり）などの人為起源のものから成り，多くは太陽からの日射を散乱させることで，大気・地表面を冷やす働きがある．すでに北極の章で述べたように，日射を吸収して大気を温める効果を持つ黒色炭素（ブラックカーボン）などもあり，その評価は様々である．すでに見た図3.5には，温室効果気体と並べてこれらエアロゾルの放射効果が示されているが，その働きの評価幅が極めて大きいことがわかる．今もって，気候変動の要因評価の最大の不確定性だといわれている．南極では大気は清浄でエアロゾルは少なく，日射影響も少ないと考えられる．しかし，その少ないエアロゾルの変動は，様々な現象の指標として大変重要な情報を持っており，その変化の観測は重要である．さらに，過去の気候には重要な影響を果たしたと想定されている．

　成層圏のエアロゾルについて，すでにオゾンホールの節に述べたようにMAPの際に観測が行われたことを記したが，同時期，対流圏のエアロゾルも航空機による採取が行われた．この結果，エルチチョン火山噴火による火山灰粒子が採取され，客観解析データを使って粒子の流れを解析した結果と合わせることにより，成層圏を介した物質輸送が確証されている（長田，2019）．昭和基地には1〜2機の小型航空機（単発

のセスナおよびピラタス機）が持ち込まれ，第45次隊まで，3年に2回越冬しての観測に重用された（1年はなし）．南極各基地を通じて珍しい運用であり，多くの基地で運用されている夏季以外では貴重な存在であった．

こうして，南極エアロゾルは，離れた大陸からの長距離輸送と，南極海からの海塩粒子が中心的な存在であることがわかってきた．第37次隊，1996年より，エアロゾルについても連続的な観測，モニタリングが必要であることが認識され，連絡観測が続けられることになった．その結果，直径0.3μm以上の大粒子濃度の季節変化は夏に少なく，冬に多くなっている．とくに経年的な大きな変化は認められない．また，直径が100 nm（0.1μm）より小さい微小粒子（CN粒子，凝結核）の変化は，反対に夏は多く冬に少なくなっている．夏には，強い日射によりおもに硫酸化合物から新粒子の生成が活発になっていると考えられる．

小型航空機運用が終わってしまった昭和基地で，新たに国際共同で，航空機を持ち込み観測を実現した．かつて北極スバールバルで共同の航空機観測を実施したドイツ，アルフレッド・ウェーゲナー極地海洋研究所（AWI）の仲間と，AWI所属の航空機（ドルニエ228機）を使って，日独共同航空機大気観測（ANTSYO–II/AGAMES）を実施した．期間の前半は，ドイツ，ノイマイヤー基地付近での飛行を行い，後半昭和基地近くの南極大陸上S17航空拠点（DROMLAN＝ドローニングモードランド航空網―航空機用雪上滑走路を整備してある；標高620 m，昭和基地から20 km）をベースに3週間の観測を行った．大陸から，海氷上，そして開水面までの

高度別の飛行を行い，子午面上のエアロゾルの変化を調べた．海面からの発生，上空の輸送，大陸斜面を吹き降りるカタバ風による上空までの拡散などがわかる，沿岸域でのエアロゾルの動態が明らかになった（平沢，2017）．

その後，この種の観測は無人飛行機によって継続されている．有人航空機では詳細な観測が難しいところ，日変化を調べる観測などを実施した．また，小型の無人機では到達できない高高度の観測は，無人航空機を気球で飛揚し，上空で切り離し下降しながら航空機として飛びながら観測をするというものも実現した．無人飛行機は，いまだ使われ始めて日は浅いが，南極昭和基地周辺では，この大気科学の観測に限らず，広域の情報を得る上空からの写真撮影などとくに有効に使われている．

大気中のエアロゾルの鉛直分布や気柱積算量を知るためには，地上からのリモートセンシングによるエアロゾル観測が有効である．そのため，長く定常気象観測の中でもサンフォトメーターによる観測〔太陽直達光の減衰を測ることで，気柱量に対応する光学的厚さ（AOD：Aerosol Optical Depth）を求める〕が行われてきた．また，モニタリング研究観測としてスカイラジオメーター（オーリオルメーター；太陽直達光だけでなく天空散乱光を測り，エアロゾルの単一散乱アルベド＝吸収の度合いを示す，複素屈折率，粒径分布を導出）やライダー（定常的には小型の自動運転が可能なマイクロパルスライダー，MPL；エアロゾルや雲の鉛直分布が求まる）による観測が継続されてきた．サンフォトメーターによる大気光学的厚さの変化を図 6.8 に示した．時々見られる大きな

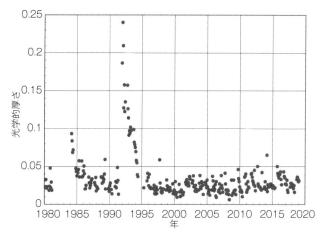

図 6.8 波長 500 nm におけるエアロゾル光学的厚さの変遷．昭和基地でのサンフォトメーターによる．

値は，エルチチョンやピナツボといった火山噴火による大量のエアロゾルが南極上空にも及んだときで，噴火から1年以上遅れることもある．そのほかの時期は，細かな変動はあるものの，最低レベルを見ると 0.02 程度で，南極沿岸域の特徴であり，日本国内と比べて一桁小さく，エアロゾル量の少ない清浄な大気であることがわかる．

大型大気レーダー（PANSY）

気象・気候学にとって上空の大気の流れを知ることは極めて重要である．しかし，これまでは，ゾンデ観測によるゾンデの動きを追って流れを求める方法しかなかった．さらに水平の流れはともかく，鉛直の流れはほとんど測定不可能であ

った．また，観測は1日1回，2回と間欠的であり，時間に連続な（高時間分解能）観測も無理であった．そこで，これらの欠点を解消しようと電波を使って大気中からの（空気塊のゆらぎによる）散乱電波を測り上空の空気の流れを測る「大気レーダー」の手法が開発された．雨や雲を測るレーダーとは散乱体が異なるわけで，そのため波長も3桁も長い．大型のものでは滋賀県信楽町に設置された京都大学宙空電波観測センター（現・生存圏研究所）のMUレーダーが初期のもので，世界的にも先進的なレーダーである．その後，小型化も進み，現在では気象庁により「ウィンド・プロファイラー」（対流圏観測用）として各地（現在33か所）に展開されている．

南極でもこのようなレーダーを実現しようと，現東京大学理学系研究科教授（当時，国立極地研究所助教授）の佐藤薫氏などは，長年にわたって努力を続け，苦節10年を経てついに2010年，昭和基地に大型大気レーダー（Program of the Antarctic Syowa MST/IS Radar：PANSY）の設置が始まった．およそ直径100mほどの内に1000本のアンテナを建てるという計画で，南極で実現するためには重機を使わず人手で建設できるよう軽量・小型で，かつエネルギー効率を高くする（昭和基地の電力は極めて限られている―発電機の容量および燃料の制限から）必要に迫られた．非現実的で，とても不可能ではないかという声も多く上がる中，これらの解決に務め，軽量アンテナの設計や高効率アンプ（増幅器；携帯電話用が元になった）の開発で物理的には可能性が見えてきた．しかしもう一つ障害があり，それは極めて高額な予算を必要

とすることであった．わが国の南極観測予算は毎年10数億円に過ぎず（しらせとヘリコプターの海上輸送経費はほかに40億円前後），とてもPANSYを実現することは不可能であった．その中で，佐藤の努力で，国際研究組織や学会からの応援や支持を得て，また予算当局を説得に回り（筆者もずいぶん同行した），ついに2009年4月，46億5千万円（奇しくも地球の歴史46億5千万年と同じ？）の予算が実現した．

こうして出来上がったPANSYレーダーは，47 MHzの電波を最大500 kWの出力で送信するもので，地上1 kmから500 kmまで，対流圏から成層圏，中間圏，熱圏・電離圏までの大気の精密観測を実現し大気科学のブレークスルーを目指すものである（図6.9）．とくに，対流圏，成層圏，中間圏では散乱エコーのドップラー偏倚を測ることで，およそ0.1 m/sの精度で風の3成分をとらえることができる．

実際の建設もなかなかの難事業であった．筆者が観測隊長として参加した第52次隊により1045本のアンテナを建立したが，予想以上に固い岩盤の掘削に大変苦労．交換するドリルの刃が不足し，急遽航空便（ちょうど別の物資緊急輸送に便が設定されていた）で持ち込んでもらう一幕もあった．さらに建立後も，越冬中に豪雪に見舞われ，アンテナが雪に埋もれて壊れかけるという事態を招き，最後は積雪の少ない場所に一部アンテナを移設することで危機をしのいだ．2011年3月，最初の電波を出してから，およそ3年，2014年初めて全アンテナを揃えてフルセットでの観測が始められた．

こうした観測を通じ，様々な新しい発見があった．2012年6月，1か月間の対流圏から成層圏の風速3成分の時間高

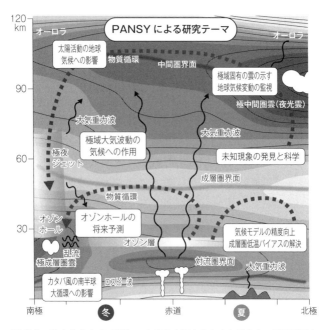

図 6.9 地上から上空 120km までの大気中のおもな現象と，PANSY レーダーの役割.

度分布を観測．月半ば，東風が卓越し，低気圧の接近と対応，途中で北寄りから南寄りに変わっているのがわかった．鉛直風速が示されたのは南極で初めてであり，水平風に比べて細かく変動している．今後の研究が期待される．そのほか，高度 90 km 付近の中間圏界面は，夏に非常に低温になることが知られているが，ここに水蒸気が凝結して極中間圏雲（夜光雲と呼ばれていたもの）ができる．極中間圏雲については，産業革命以前にはその記述はなく，人間活動が盛んになって

温室効果気体が増加したために中間圏はより寒冷化し現れるようになったと考えられているが，そのエコー（PMSE：Polar Mesosphere Summer Echo）も受信されている．さらに，PANSYレーダーの完成で，世界中の各緯度帯に設置されたことになった国内外の大型大気レーダーをネットワーク化して結ぶ，国際共同キャンペーン観測がPANSY研究グループ主導で2016年から行われている．これは北極成層圏突然昇温と南極の大気の間に何らかのつながりがあるのではないかと，その兆候をつかむ観測をねらっている（佐藤，2019）．

南極観測と無人気象観測網（AWS），数値モデル

　第1章で見てきたように，IGY期に12か国で開始した南極観測であるが，その後，多くの国の参入もあり，今ではほぼ40か所の基地で越冬観測が進められている．その分布は図1.2に示されているが，南極半島先端に多くの基地が集中しているとともに，半島以外でもほとんどの基地は大陸の沿岸にあることがわかる．それも，経度180度から西経90度にはまったく基地がなく，また内陸には南極点アムンセン・スコット基地，ボストーク基地とドームC（コンコルディア）基地しかない．現在は夏基地となっているわが国のドームふじ基地やドームA（標高4000mを越える氷床上最高地点）に中国の崑崙基地があるものの，広大な南極大陸の内陸にほとんど基地がないことで，観測データが極めて限られてしまう．近年は，人工衛星で様々な広域観測ができるとはいうものの，やはり地上を起点に正確な観測量が必要となる．

　そこで取り入れられたのが，無人気象観測装置（AWS：

Automatic Weather Station）である．自動観測によりデータ
はメモリーに記憶するタイプのほか（この場合は，逐次デー
タを回収しに現地に赴かないとデータがわからない），無線
で人工衛星経由データを取得する方式が多くとられている．
今では，たとえば図 6.10 に示すように，大陸内の空白域を
埋めるべくかなりの数の無人気象観測点が展開されているの
がわかるが，これらの多くはアメリカ，ウィスコンシン大学
のグループが開発した機器を使っている．1980 年代からた
ゆまぬ努力でここまで広がった．わが国でも様々な試みを重
ねてきて，今ではこのウィスコンシン型と独自の無人気象観
測装置も使われているが（図 6.10 下図），これも長年紆余曲
折を経て開発されたもので，なかなか完成形が得られなかっ
た．いずれの無人気象観測装置も，エネルギー源としての，
極寒の中で働く電池や太陽電池，風力発電装置が最も難しか
ったもので，近年ようやく安定して通年の作動が確保されて
いる．

　気象を調べるには，上空の大気状態の観測が必須である．
レーダーやライダー，人工衛星からの観測を除くと，高層ゾ
ンデ観測が唯一の観測手法であり極めて基本的な重要な観測
である．しかし，気球に観測器をつるして飛揚する観測は手
間もかかり，実施している基地は少ない．現在は南極中でわ
ずか 11〜12 か所でしか行われておらず，それも 1 日 1 回の
基地が多く，年間を通して 1 日 2 回観測を維持しているのは
オーストラリアのケーシー基地と，わが国の昭和基地だけで
ある．昭和基地がいかに重要な観測を担っているかがわかろ
う．これらの地上あるいは高層観測データは観測終了後，直

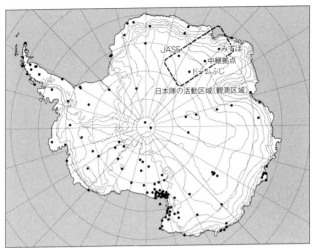

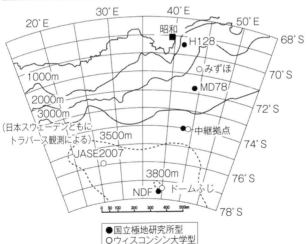

図 6.10 南極における無人気象観測点の分布（上）と，日本の活動領域の詳細（下）.

ちに衛星経由で転送され，世界気象機関（WMO：World Meteorological Organization）の運用する GTS（Global Telecommunication System）回線に載せられ公開されている．無人気象観測も，現在はすべて地上気象だけだが，その多くはこの GTS 回線にデータを送っている．このように，ほぼリアルタイムで集められた気象観測情報（気温，気圧，風向，風速，湿度のほか，地上観測からは天気や雲など）を使って天気図が描かれるとともに，それらをもとにした気象予測の数値モデルが動かされ，翌日から 1 週間先までの予報が可能になるのである．

　簡単に「天気図が描かれる」といったが，じつはこれはそう簡単なことではない．南極に限らず，世界中というと，やはり観測点はまばらだし，いくらたくさん観測点があっても，限度があり，観測点同士の距離は離れている．その場合，観測点のデータだけでは天気図にならない．以前は，天気図は熟練した気象技術者がまばらな観測点の間を想定して，適度に気圧配置などが決まるように，エイヤーと描いていたもので，これを「主観解析」といった．あくまでも，描いた人の主観によって決まっていたのである．そこで，先ほどの気象の予測（予報）モデルが発達すると，これを使って観測値が成り立つように気象場を決める＝天気図を描く＝ことが行われるようになり，これを「客観解析」という．ちょうど，観測点の間を補間するように線を引くわけである．このようにして，世界中の解析した気象場を初期値として予測モデル大循環モデル（GCM）が動かされ，何時間後，何日後かの予測結果が出される．この初期値，客観解析が世界のいくつも

の気象機関で作成されており，ヨーロッパ中期気象予報センター（ECMWF）の ERA-Interim とか，NCEP/NCAR，NASA の MERRA，わが国気象庁の JRA-55 などが代表的な客観解析データである．近年は，気象研究者の間では，この客観解析データが全球の「観測結果」として研究の主要な糧となっており，気象学の論文の 3 分の 2 はこのおかげを被っているのではないだろうか．

　万能のように見える大循環モデル（GCM）だが，分解能を上げるのは難しい．要するに計算を行う格子点を増やすことになり，膨大な計算量となって，いくら大型のスーパーコンピューターでも大変になる（世界最速のスーパコンピューターの大口の利用が気象・気候予測計算である）．近年の最も分解能の高いモデルでも数 km であり，多くは緯経度で 0.5 度刻みである．そうなると，南極でも詳細な地形に依存するカタバ風のような現象を調べるのには無理がある．そこで進められているのが「領域モデル」という手法である．とくに詳細に調べようとする領域に詳細なモデルを適用する．そのかわり，全体の大きさは何百 km といった限られたものになる．その外側は，たとえば全球の客観解析データで与え，その領域の中だけモデルを本当に走らせるというものである．その一例で，昭和基地での強風事例を調べたモデル解析を見てみよう（Yamada & Hirasawa, 2018）．WRF（Weather Research and Forecasting model）というモデルを使っているが，昭和基地を中心に 30 km 分解能の少し粗いモデルと，3 km 分解能でもっと狭い範囲を扱うモデルが使われた．

　2015 年 1 月 17 日，昭和基地では最大風速 41.8 m/s，最大

瞬間風速 51.4 m/s と，1 月としては最大の記録であった．この現象に注目して，どのような現象であったかが調べられた．図 6.11 にその結果が示されているが，最大風速が起こった 1 月 17 日を挟んだ 4 日間の気圧分布と地上風（ベクトル）が示されている．海上を北西から進んで近づいてきた低気圧により引き起こされた風のようだが，その風は標高の高い大陸に抑えられ，よく見ると，南極大陸の沿岸を乗り越えてきた東風が昭和基地には吹き寄せている．昭和基地付近の沿岸域は低気圧がもたらす温かい空気の中ではなく，内陸からの冷たい空気の中にあることからも確認できる．この状況は，「地形性ブロッキング」と呼ばれている．このように，領域気象・気候モデルの利用は，詳細な気象現象を解析するのに役立つことがわかる．

内陸での気温急上昇と低緯度からの湿潤暖気流入

　もう一つ，内陸のドームふじ基地にて越冬観測を行うことで発見された現象を紹介しよう．昭和基地から 1,000 km，標高 3,810 m のドームふじ基地は，元々後の章で紹介する氷床深層掘削を行うために開設された基地であった．しかし，先にも述べた通り，南極大陸内陸にある基地は極めて限られており，貴重な観測点である．そこで，筆者ら大気を研究するグループでも 1 年間の越冬観測を行い，この内陸基地の特徴を調べることになった．第 38 次隊で，筆者は昭和基地で越冬隊長を務めていたが，9 人の隊員で越冬観測を行っていた冬の 6 月中頃，気温がわずか 2 日の間に，−70 ℃台から −30 ℃まで，40 ℃も急上昇することがあったと連絡を受けた

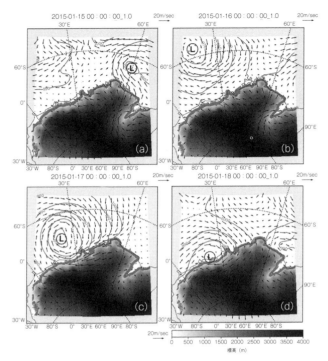

図 6.11 領域気象モデルで得られた，昭和基地強風時前後の気象場（気圧分布と風ベクトル），2015 年 1 月 15 日〜18 日．

（Hirasawa *et al.*, 2000）．成層圏ではこの程度の気温の急上昇は「成層圏突然昇温」として知られているが，地上気温では珍しいと，驚いたものである．図 6.12 にその前後の気温，気圧，風速の変化を記したが，気圧もこの間に次第に上昇しており，また風速も 15 m/s ほどまで強くなっている．冬で太陽は出ていないので日射はないが，長波放射は増大してお

り，広く雲に覆われたことはわかる．しかし，雲に覆われただけではこれほど大きな長波放射の上昇は起こり得ず，もっと大きい規模の気象状態の変化が予想された．

そこで，天気図に相当する 500 hPa 面の高度場を調べると，図 6.13 のように，本来円形に近く南極大陸を取り囲んでいるジェット気流―極渦―が次第に変形して，6 月 18 日にはひどくくびれ，気圧の谷（トラフ）が大きく張り出すとともに，気圧の尾根（リッジ）が南極側に侵入していることが見える．すなわち，リッジに沿って低緯度側から気流が内陸に侵入し，温かい湿った空気が入ってきており，これを起こしているのがブロッキング高気圧（停滞性の高気圧）ということである．このため，温かい空気そのものがドームふじ基地にも到達したわけであり，またこの温かい空気は水蒸気も多く含み雲も発達し，この雲と水蒸気により長波放射も増大したことが説明される．すべてが，昇温に効いたわけである．このとき，降雪も多く見られた．

このような現象は，たんに気温の急上昇として見られるだけでなく，極端現象として，極域の気象・気候にとって重要な現象の一つであることが近年いわれるようになってきた．北極でも熱を運び温暖化を促進する重要な現象の一つとして知られているが（第 4 章），南極ではとくに降雪の増大をもたらすものとして，氷床表面の質量収支[*10]を決める現象としても注目されている．元々，南極大陸内陸域では，降雪量

---

* 10 質量収支（Mass balance）；氷河や氷床の氷の量の収支のことで，降雪で増加するが融解や末端の崩壊で減少する．その差し引きが質量収支となる．

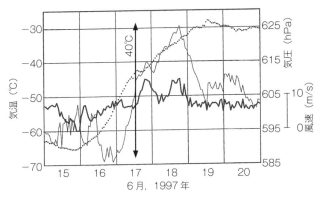

図 6.12 ドームふじ基地における気温急上昇時前後の気温（黒細線），気圧（点線），風速（黒太線）の変化.

は少なく（ドームふじでは年間 30 mm 以下），多くがダイアモンドダスト（晴天降水）の形で降っていると考えられてきた．晴れていても空からチラチラと雪結晶が降ってくる現象で，年間大部分の日に見られる．しかし，降雪量にすると少なく，先の低緯度からの湿潤暖気流入による降雪が，頻度は少ないものの実質多くの降雪量をもたらして，年間の降雪量の半分を占めているのではないかといわれるようになってきた．この現象は，低緯度側から，狭い幅の水蒸気の流れによってもたらされることから，「大気の川（atmospheric river）」とも呼ばれ，注目されるようになってきた（Gorodetskaya, 2014）．

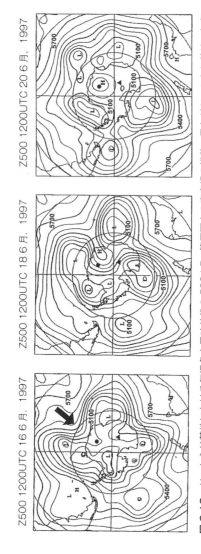

図 6.13 ドームふじ基地における気温急上昇時前後の 500 hPa 等圧面上の高度場の推移．黒丸がドームふじ基地．矢印の箇所でジェット気流の蛇行の深まりリッジが侵入し始め，発達した高気圧（ブロッキング高気圧）が形成．1997 年 6 月 16, 18, 20 日 12UTC.

コラム３　宇宙への窓・オーロラ

　極地の夜空に輝くオーロラは，大気の外から降り込んでくる高速の電子や陽子によって，酸素や窒素などが発光する現象である．これまで見てきた対流圏，成層圏，中間圏は，大気分子が電離していない中性大気であるが，その上に行くと電離圏そして磁気圏は電離大気が覆っている．オーロラを励起する粒子は，地球の磁場に沿って磁気圏から降下し，高度 90〜数百 km に広がる電離圏でオーロラが輝く．水平的に見ると，オーロラが輝く場所，オーロラ帯は地磁気緯度 66〜67 度の地磁気極を取り巻くドーナツ状の地域となる．第２章で見たように，地磁気極は南極点，北極点からかなり外れているので，オーロラ帯も地理的な緯度に平行ではない．南極では，昭和基地はこのオーロラ帯の真下にあり，オーロラ観測に最適な場所であり，これまでも長くオーロラの研究・観測が盛んで，ロケットによる直接観測まで行われている．

　オーロラは磁力線に沿って粒子が降下して起こると述べたが，この磁力線は南北で大きくつながっているので，南極側で見られるオーロラと北極側で見られるオーロラには相似性があるのではと想像された（図 6.14）．昭和基地にくる磁力線の反対側はちょうどアイスランドにつながっており，その両地点で同時に出たオーロラを調べる観測，「地磁気共役点観測」が 1980 年代に始められた．その結果，同じようにオーロラ活動は起こることはつかめたものの，詳細には南北両半球で鏡対称（ミラー

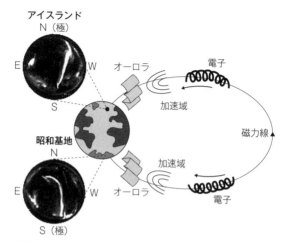

図6.14 オーロラ南北共役点観測，アイスランドと昭和基地の
オーロラ．

イメージ）のように一致するオーロラが起こるのは非常
にまれであるとのこと．しかし，南極，北極で同じ磁力
線の位置で同時に観測できる極めて貴重なペアが得られ
たわけである（國分 征，2019）．

第7章

南極温暖化

南極半島・西南極強温暖化

　地球全体の中で，南極半島は北極とともに，最も温暖化が顕著な地域である．その中の一つ，ファラデー／ベルナツキー基地（1970年にイギリスからウクライナに譲られて，ベルナツキー基地となった）では70年近い記録があるが，図7.1のように，観測開始以来3℃の気温の上昇，すなわち，10年で0.5℃の上昇傾向である．多分，地球上で最も激しい温暖化を示している．じつは南極半島にはたくさんの基地があるが，狭い範囲でも半島西側と東側では微妙に天気の様子が異なっている．平均気温で見て，半島東側にあるマランビオ基地（アルゼンチン）では，秋口の気温低下が著しく，4月には半島西側の各基地に比べ10℃以上低くなる．そして6月を最低に5〜7月に低温となっている．南極半島東西でのこの大きな違いは，海氷のあるなしのようで，夏を中心にかなりの期間氷がなくなる西側に比べ，ウェッデル海の海氷

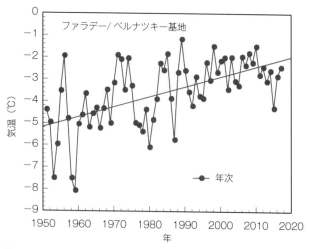

図 7.1 南極半島ファラデー / ベルナツキー基地の温暖化.

が通年広がっており，半島東側には氷が残るためであろう．一方，風速でも大きな違いがあり，東岸のマランビオ基地では，冬の間は 20 m/s に近い平均風速で，夏でも 15 m/s に近い．この強い風も，半島を横切る場合にフェーン現象を起こして，さらに温暖化を加速することもある（山内，2017）．図 7.1 を詳しく見ると，最近 2010 年代に入り温暖化が弱まっているようにも見え，ほかの南極半島の基地でも，共通して 2000 年代に入って温暖化の弱まりが出ている．これは，地球全体で平均気温の上昇が止まったように見えた温暖化中断（hiatus；ハイエータスと呼ばれる）のためかとも思われたが，実態は，大気循環の変化による局所的な影響が現れたものと結論づけられている（Turner *et al.*, 2016）．

激しい温暖化は南極半島だけかと思っていたら，南極半島につながる西南極でも強い温暖化が起こっていたことが，最近の研究で明らかにされた（Nicolas & Bromwich, 2014）．西南極は，観測基地がほとんどなく，アメリカのバード基地が唯一存在したが，越冬観測は途絶えてしまっている（降雪，積雪量が多く，基地の維持も困難が大きい）．期間の限られる飛び飛びの記録しかないが，それを基に衛星観測結果を利用して統計的に有為な連続記録が構成された．その結果は，IGY以来，10年間で0.19℃という，強い温暖化を示し，とくに冬から春に温暖化が大きく出ている．

　このような激しい温暖化のため，南極半島および西南極域では，棚氷の崩壊が激しい．2002年2〜3月にかけて，半島東側のラルセンB棚氷が広範囲に流出してしまい大騒ぎになった（図7.2）．棚氷そのものは，すでに大陸から出て海に浮いているわけで，棚氷が崩壊しても融けても世界の海水準には影響がない．しかし，棚氷が取れてしまうと，その後ろから押している氷床・氷河が動きを速め，氷床の流出・崩壊につながり，海面水位に寄与することになる．同じく，西南極アムンゼン海側のツウェイト氷河，パイン島氷河などでも融解・崩壊が著しく，大いに心配されている．これらの氷河が流出することは，南極半島に限らず，その内陸に控える西南極氷床の崩壊にもつながる恐れがあり，南極氷床の流出が海面水位上昇につながる大きな部分を占める．

図 7.2 南極半島ラルセン棚氷の崩壊. 崩壊前 2002 年 1 月 31 日と後 3 月 5 日 (Terra 衛星 MODIS 画像).

東南極温暖化抑制

　では，南極氷床の本体ともいうべき，東南極（南極大陸の地図で0度の子午線を上にして，ウェッデル海から南極点を通り南極横断山脈の右側，南極氷床の大部分を占める）はどうなのだろうか．図7.3には，南極中の各基地での気温の変化傾向が示されているが，同じ南極でも，東南極ではあまり温暖化の傾向が出ていないのがわかる（Turner *et al.*, 2007）．内陸の基地では，寒冷化が目立っているところもある．東南極にあるわが国の昭和基地でも，60年を越える観測の歴史があるが，最近までの結果は詳しく図7.4に見る通り，年々の変化は大きいが，全体としては有意な温暖化は見られない．地球温暖化の中で，北極や南極半島と同じように温暖化してもよさそうなものだが，そうはなっていないのである．最近になって，さらに現状を再確認した論文が同じ筆頭著者により出されたが，南極半島域の気温の変動が，海氷の消長と強く関連しており，それは半島西側からロス海にかけてのアムンゼン海低気圧の消長次第であるとの結果のほか，東南極の温暖化は引き続き小さいことが示されている．

　このような，東南極の温暖化が顕著でないことを筆者は「温暖化抑制」と呼んでいるが，果たして何が原因なのだろうか．地球温暖化の下，一方の北極は温暖化増幅になっており，こちら東南極は温暖化抑制になっているということは，なかなか説明が難しく，筆者にとってもこの10年，大いなる研究課題となっている．そのことが本書の執筆の動機の一つでもあった．

　東南極温暖化抑制を説明する説がトンプソンとソロモンに

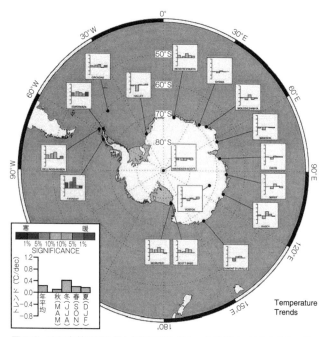

図7.3 南極各基地での地上気温の変化傾向. 各棒グラフは左から年平均, 秋, 冬, 春, 夏のトレンド.

よって唱えられた（Thompson & Solomon, 2002）. 第一著者は北極振動を唱えた人, 第二著者はオゾンホールの原因解明を果たした人, 有名研究者である. オゾンホールが進む, 成層圏のオゾンが破壊されると, 日射の吸収がなくなり, 成層圏が冷えてしまう. 成層圏が冷えると, 中緯度との温度差（緯度方向の温度勾配）が大きくなり気圧傾度力が強まり風が強くなる, すなわち成層圏の極渦が強まる. ここまでは以

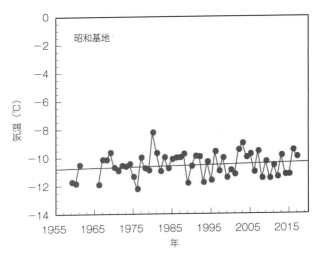

図 7.4 観測開始以来の昭和基地の年平均地上気温変化.

前からよく知られている. ここからがポイントであるが, 成層圏の極渦が強まると, それが対流圏や地上にも伝わり, 対流圏の風—西風ジェットが強まり低緯度側からの熱流入を抑えるというものである. すなわち, 南半球環状モード (SAM) が強まるという. 北半球の環状モード (NAM), 別名北極振動 (AO) と対比して, 南極側の気圧が下がり中緯度側の気圧が高くなる, 南極振動 (AAO) 正の状態が強まるというものである. そうすると, 対流圏でも極渦は丸くなり (ジェットの蛇行が少なく) 熱輸送がされがたくなる. こうして温暖化が抑えられるということで, 地球温暖化とオゾンホールはまったく別の現象と思っていたものが, じつはつながっているという, 驚くべき説である. この説明でわかるように,

また，北極の第5章でも出てきたように，成層圏の極渦と対流圏の関係が要で，「成層圏―対流圏結合」といって盛んに研究がなされ，相関関係では示されるが，本当の物理的プロセスはまだよくわかっていない．

じつは，同じオゾンホールの影響が，力学を通さずにも成り立つという説明もなされている（Grise *et al.*, 2009）．成層圏のオゾンが減ることで，オゾンからの放射が減り，同時に気温が下がることの両方の寄与で下向き長波放射が減り，その結果地上を温める効果もなくなり，温暖化しなくなるという説明で対流圏の気温が低下している．力学を通さない，放射による成層圏―対流圏結合である．さらにこの関係を説明するモデル計算もなされ，1976〜2005年の夏の地上気温のトレンドがオゾン減少により10年当たり0〜−0.5 Kの冷却になっていると示された．同時に地表面の放射も，オゾン減少による長波放射の減少が，日射の増加（オゾンが減ることによる）よりまさり，正味放射も減少していることが示された．

では，オゾンホールが解消したらどうなるであろう？　すでに，第6章のオゾンホールの箇所で，フロンなどのオゾン破壊物質の大気中濃度は下がり始めており，いずれオゾンホールは解消する兆しが見えているという話をした．それは嬉しいことであるが，上記のようにオゾンホールのために東南極の温暖化が抑えられているのであれば，オゾンホールが解消すれば抑制がなくなり，温暖化が進むことになる．今世紀半ば，2060年頃にはオゾンホールは解消し，大気中オゾン濃度はオゾンホール発見の1980年代の値に戻ると予想され

ているので，その頃には東南極の温暖化も顕著になってしまう可能性が高いわけである．オゾン回復による成層圏の昇温と CO_2 増加による成層圏冷却の効き方が調べられ，前者の寄与が大きい，南半球大気循環に対して，オゾン回復は温室効果気体増加の影響をしのぐ，すなわち成層圏は温まる方向になると報告されている（Polvani *et al.*, 2011）．

温暖化の南北コントラスト

　オゾンホール以外にも南極と北極の温暖化を違ったものにする要素はあるのだろうか．基本的な大気循環の場が南北では異なっている可能性がある．それは，第2章で触れたように，南北の根源的な違い，南極は高い大陸が中心にあるのに対して，北極は中心が海抜0mの海で覆われ，周りに大陸が分布していることによっている．すなわち，南極を巡る風は障害が少なく円形に循環する（極渦の歪みは少ない）のに対し，北極では地形の影響で気流の蛇行は大きく極渦も歪みが大きいことは，第2章でも触れている．南極では低緯度側からの空気が大陸に衝突して下層では極側に侵入しがたいのに対し，北極側では空気は極まで侵入しやすい．前者と後者はじつは同じ現象を見ていることにもなる．これらのことから，大気による低緯度からの熱輸送は北極でより起こりやすいと思われ，そのことは北極温暖化を強めるのに貢献しているはずである．最近の論文（Salzmnn, 2017）で，このことはモデルを使った比較から確認されている．南極の地表面高度が，現実の平均約2,000mである場合に比べて，0mで平らだとした場合の大気上端放射収支がまず示されている．第

3章で見た現実の標高の場合に比べ，日射の吸収はほとんど変わらないのに対し，外向き長波放射は相当大きくなり，北極側と同じようになる．これは，地表面が低くなることで地表面温度がかなり高くなるためである．したがって，差し引きの放射冷却量は大きくなり，低緯度からの熱輸送が増えなくてはならないことになる．大陸の標高が下がり，大気の輸送がされやすくなることと整合している．これらの結果，CO_2 倍増による地上気温の上昇も，南極大陸の標高が高い場合に比べて著しく大きくなり，北極との違いが小さくなる．

極域では地球平均に比べ温暖化が増幅しやすい，「極域増幅（Polar Amplification）」といわれる．その理由は，極域には氷や雪，すなわち雪氷圏があるため，アルベド・フィードバックが起こって温暖化や寒冷化を増幅するという説明はすでに第4章で述べてきた．海はアルベドが低いため，日射を吸収しやすく温まりやすいところ，氷ができるとアルベドが高くなり日射を反射して温まらなくなり，冷えるとさらに海氷が広がり，さらに温まりにくくなる．すなわち，この循環が加速すること―正のフィードバック―で，変化が増幅する，寒冷化増幅である．逆もしかり．少し温まると，海氷は融け開水面が広がり，日射を吸収しやすく，温まりやすくなる．温まるとさらに氷は融け，さらに温まるという，アルベド・フィードバックによる温暖化増幅である．陸上でも，積雪域は同様に，温まれば雪が融け積雪面積は減る．地面は雪に比べはるかにアルベドが低く日射を吸収しやすく，より温まる．するとさらに積雪を融かし地面が広がり，さらに温まるということで，温暖化増幅となる．ところが，雪氷圏を少し詳細

に見てみると，アルベド・フィードバックが起こるのは，雪氷による覆いが変化しやすいところ，北極では海氷の変化する領域，これはかなり広く，北極海の中心を除き，ほとんどすべての北極海，そして大陸上もかなり広い緯度範囲で起こり得ることがわかる．ところが南極では（南極大陸氷床上では），わずかな温暖化や寒冷化では氷床面積はあまり変化を受けず，変化するのは海氷域のみとなり，これは緯度帯が南緯 55 度から 65 度付近（まれに 70 度まで）と，かなり限られてしまう（図 7.5）．すなわち，南緯 70 度以南ではアルベド・フィードバックが起こりにくいため，それに伴う温暖化増幅も起こらないのではないかという説明が成り立つ．しかし，温暖化抑制までには至らない．

　海が南北の温暖化コントラストを導いているという論文（Marshall *et al.*, 2014）を最近になって発見した．副題が「温室効果気体とオゾンによる放射強制に対する北極と南極の応答の非対称生」（"Asymmetric Arctic and Antarctic responses to greenhouse gas and ozone forcing"）と，まさに筆者がいいたかった表現を使っている．まずは，気候モデルによる CO_2 を 4 倍にしたときの 100 年後の海面温度の偏差について，大気―海洋結合モデルで計算した結果と，海洋のみを扱ったモデルで計算した結果とが，北半球高緯度で温度上昇が大きく，南大洋では小さいという形で，ほとんど同じ形をしている驚異的な結果を示された．詳しく見ると，温室効果気体の放射強制を与えたときの「気候応答関数」（ある瞬間に突然人為的強制を加えたときの応答）が北半球に比べ南半球では約半分の大きさにしかならず（遅れるということ），オ

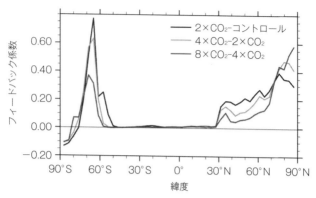

図 7.5 アルベド・フィードバックの緯度分布.

ゾンホールにより一時的に冷却されるという効果を入れた最
終結果で，2100年において北半球では平均2℃ほど上昇す
るのに対し，南半球では1℃程度しか上昇しないという非対
称な結果になる．その理由を説明するのが図7.6で，100年
間での大気から海面への積算熱量は南半球で大きいのに，海
水温の上昇は北極域でとくに深層まで及んでいる．そしてこ
れらを説明するのが海洋熱輸送で，図の子午面断面で示され
たように，北半球で北向きであるとともに，南半球でも通常
熱帯から高緯度へ向かうかと思ったところ，高緯度から低緯
度に向かっている．すなわち，南極を冷却し，北極を加熱す
る働きをしていることがわかる.

　この循環は，子午面循環（MOC：Meridional Overturning
Circulation）（むしろ「子午面逆転循環」と呼ぶ方がわかり
やすい）によるもので，北極グリーンランド海で沈み込み深

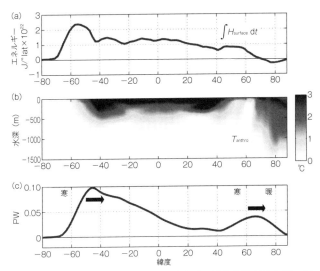

図7.6 大気海洋間熱輸送と海洋循環，（a）表面積算熱量100年値，（b）表面水温の帯状平均子午面断面，（c）子午面海洋熱輸送偏差．b, cとも100年後．

層水として地球を巡り南極海で上昇して上層を北に向かうという「深層水のコンベアーベルト」（第2章，図2.4）の一部なのである．まさに，この海洋循環に伴う熱輸送が南北の温暖化の違い，温暖化の遅れというべきか，を支配しているとのこと．これも近年の論文で観測およびモデルによりさらに明瞭に確認されている．

最後に，この関係をきれいに説明する論文（Chylek *et al.*, 2010）に出会った．すでに10年前のものだが，図7.7（a）に示す．南極と北極の気温の変化傾向が反対称になっているのである．北極の気温上昇が大きいとき，南極は気温が低下

している（上昇が弱まる）。逆もしかり。まさに「20世紀の両極気温シーソー」である。そして、その変化が、これも前述したMOCの指標となる大西洋数十年周期振動（AMO）と相関がよい（図7.7（b））ということだ。これまで、北極・南極の温暖化の違いについて、一生懸命様々な大気の影響、プロセスを検討してきた大気科学を専門とする筆者にとっては、幾分ガッカリする仮説が確実そうなのである。

海氷の変動

　温暖化に最も影響を受け、また影響を与える海氷の変動はどうなっているのだろう。図7.8には、この40年にわたる海氷の変化を人工衛星マイクロ波放射計（Nimbus 7 衛星SMMR，DMSP衛星SSMIなど；Parkinson, 2019）で記録したものが示されている。図7.8Aにあるように、年間の季節変化が大きく（平均の季節変化を拡大して左上に例示）、2月極小、9月極大の季節変化であることがわかる。その中での年々の変化は微妙で、月平均値の図7.8Aでは明瞭ではない。北半球では、第4章で見たように明瞭な減少傾向、そして2000年以降の急減傾向にあったが、南半球、南極周辺の海氷域の面積は年平均値の変化を示したBに見るように、2014年までは、ずーっと微増の傾向にあった（22,400 km^2/年の増加率）。ところが、2014年の極大値を境に、急激な減少となり今日に及んでいる。1979年から2018年を通した増加率は、11,300 km^2/年と2014年までのおよそ半分になってしまう。2014年から4年間の減少率は−729,000 km^2/年、と絶対値は大きく、40年間を通じ、ほかに南極や北極でもな

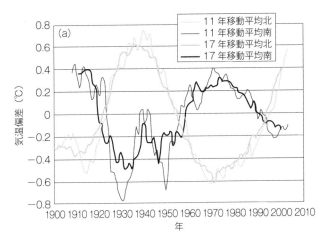

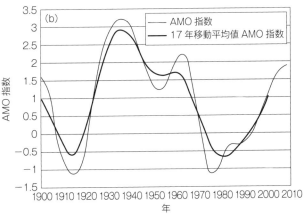

図 7.7 （a）トレンドを除いた北極と南極の地上気温時系列 11 年および 17 年移動平均と（b）大西洋数十年周期振動（AMO）指数.

かった変化である．

　なぜ，このような変化を示すのか，その原因を探る前に，同じ南極でも領域による違いを見てみよう．元の論文では，南極海を5つの領域に分けて特徴を探っている．昭和基地のあるインド洋区と南極半島西側のベリングスハウゼン海・アムンゼン海区の二つの領域では大きく異なる．インド洋区では季節変化で，極大値が10月となっている違いがあるが，年平均値の変化は全域のものに似ている．2014年の極大の後，減少が始まりその後2016年から再び増加傾向にあるが，最後のところは少し違う．一方，ベリングスハウゼン海・アムンゼン海区では，月平均値で見る年々の変動が大きく，年平均値でも年々変動が大きいながら，全体では減少傾向にあり，いずれも2014年までは増加傾向にあるほかの4海区とは異なった傾向を示している．これは，南極半島に強い温暖化が現れていることと整合的であるとともに，南極半島西側のベリングスハウゼン海・アムンゼン海区については，従来から報告されている，当該域に発生する大きなベリングスハウゼン海・アムンゼン海低気圧の位置や強度に強く左右されており，その盛衰はさらに熱帯太平洋のエルニーニョ現象などとの関連が強いといわれている．

　さて南極全域の海氷域面積の年々変動の原因であるが，年々増加傾向については多くの説が唱えられている．7.2節で紹介した，東南極の温暖化抑制をもたらしているオゾンホールの影響がいわれているが，反対意見もある．エルニーニョや太平洋10年周期振動，それに連なるアムンゼン海低気圧などの影響もいわれるが，これは上記の通り，西南極域の

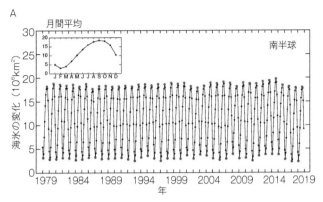

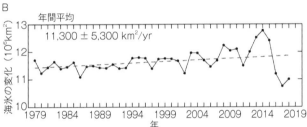

図 7.8 南極海氷域面積の 40 年にわたる変化. A:月平均値の推移, 左上は平均的な季節変化, B:年平均値の推移, 破線はトレンド.

海氷には強く影響するものの, 全南極域の海氷に影響しているかは疑問である. このように, いまだコンセンサスのある説明には至っていない. 同じように, 近年の海氷域面積の急減についても, 大気循環場が変化したためとか, 海洋場, 海洋循環の変化が効いているとかの説明はあるが, これも確実とはいいがたい.

氷床の海洋融解

すでに第7章初めに，南極でも温暖化が激しく，氷床の融解が進み得る場所が南極半島から西南極であることは述べてきた．この仕組みはどういうものだろうか，気温が上昇して氷が融け始めたという単純なことではない．氷床末端は，棚氷となって海に浮いている場所が（第2章で説明）多い．こういう所では，図7.9のように，棚氷の下に海水があり，棚氷根元の氷床基部まで海水が入り込んでいる．こういう場所には，海洋深層から上がってきた温かい水が流れ込み氷床縁や棚氷下部を融解することになる．その結果，棚氷の崩壊にもつながるし，氷床を直接融解することにもなる．この温かい海水流入による氷の融解が，南極氷床の融解，ひいては海面水位の上昇に効くことになる．

このような仕組みで南極氷床が消耗している所が図7.10に示されている（Rignot *et al.*, 2019）．ここには近年の2009〜2017年の変化が示されているが，南極半島，西南極（ツ

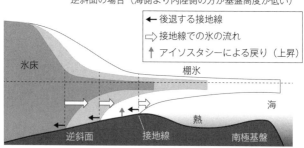

図7.9 氷河末端海洋融解の仕組み．長く海に張り出した棚氷底面が温かい海水で溶かされ縮退していく様子．

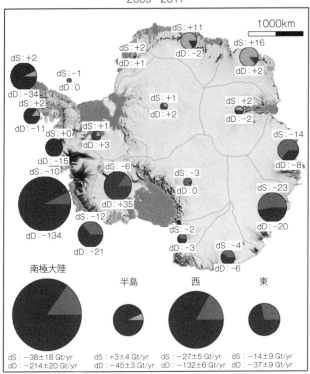

図7.10 南極氷床質量収支変化. 各氷河流域に示し, ○の大きさは流出量 (D) の変化 D = SMB − dD を示し (表面質量収支が SMB), 黒の割合が dD を, 灰の割合は SMB の近年の変化 dSMB を意味する.

ウェイト氷河, パインアイランド氷河) で大きな質量損失, すなわち氷床の融解ないし崩壊流出が見られる. そしていずれにおいても, 棚氷や氷床底部の融解が大きく効いていることがわかる. グリーンランドで表面融解による表面質量収支

の変化が効いていることとは違っている．ところがよく見ると，温暖化があまり起こっていないと考えていた東南極でも，量的には小さいながら質量の損失が起こっているところが，アメリー棚氷，デンマン氷河域と南極大陸右下のトッテン氷河域に見られる．この結果を見ると，この領域では底面融解よりも氷河崩壊，すなわち氷山分離が効いていると示されている特徴がある．東南極の大部分は氷床下の基盤地形が海面レベルより高いのだが，このトッテン氷河域だけは基盤が海面レベルより低くなっているのである．そのことからは，先の結果とは反するが，海水の流入，その結果の底面融解も進んでいるのではないかとも推定され，今後の詳しい調査が待たれる．こういったことから，わが国の南極観測でも重点観測計画「氷床・海氷縁辺域の総合観測から迫る大気—氷床—海洋の相互作用」の一部として，この領域の調査を計画し，現在活動中の第61次観測隊も観測船しらせがこの領域を航行して観測を実施した．通常は真っすぐ昭和基地に向かうところ，オーストラリアから南下して寄り道をしての航海を行い，係留系の設置や各種海洋観測が実施された．今後の成果が楽しみである．

コラム4　露岩域の湖と「コケボウズ」

　昭和基地の近くの大陸沿岸には，氷床に覆われていない露岩域が広がっており，そこにはいくつもの池—湖—が点在している．不思議なことに，狭い範囲に分布している湖同士でも，片方は淡水のもの，もう一方は塩水の

図 7.11 南極昭和基地周辺の露岩地帯にある湖の中のコケボウズ.

ものなどがあり，岩盤の沈降—隆起によって海水を起源
とするもの，氷河後退に伴う融け水からなるものなど
様々である．これだけでも，多様な気候変動の記録を示
している．

　露岩域には藻類や蘚苔類が生育しているが，この湖の
中にも広がり，異様な筒状の突起を形成した群集が発見
された．これはコケボウズと名づけられたが，コケ類
（蘚苔類），藻類，藍藻類（シアノバクテリア），細菌類
（バクテリア）などから構成されているそうで，長い時
間をかけて大きな突起を形成したものである（図7.11）．
これらを調べることで，また湖の環境，ひいては気候条
件を類推する糧になる．

第8章

氷河期の南極─北極の
つながり

南極やグリーンランドでの氷床コア掘削

　南極やグリーンランドを覆う氷床は 3,000 m の高さにもなっているが，この氷床は水が凍ったものではなく，降り積もった雪が，積もる雪の重さで押し固められて氷になったものである．したがって，下の方には昔積もった雪が固まっているわけで，氷を掘り進めば，古い時代の氷が得られる．南極氷床の最も古い氷は 100 万年前のもの，グリーンランドでは降水量が南極より多いためにせいぜい 15 万年前の氷まで存在するといわれている．南極観測が本格化してしばらくの 1967 年にはグリーンランドのキャンプセンチュリーで深度 1,387 m の，また 1968 年には同じくアメリカ隊によって南極バード基地で初めて岩盤まで 2,164 m の氷床の深層掘削（1,000 m 以上深いものをこう呼ぶ）に成功した．その氷，円筒状に掘られた氷資料は「氷床コア」と呼ばれるが，これを分析して，過去 10 万年の気候変動がダンスガードとジャ

ンセンによって明らかにされたときには（Dansgaard & Johnsen, 1969），世界中の科学者を驚かせたが，わが国の雪氷学者たちも大いに刺激を受けたそうである（渡辺, 2019，南極読本）．この成功を受けて，わが国でも「エンダービーランド雪氷計画」の中で1975年，145 mの掘削に端を発し，1984年には，みずほ基地で700 m掘削が行われた．しかし，みずほ基地は標高2,230 mの氷床の斜面にあるため，氷は流されており，深い層ほど上流で積もった雪からなる氷からなっており，700 m深の氷は上流100 kmから流れてきたものであることがわかった．そのため，年代は1万年前まで遡れるものの，単純な層の解析は難しいことが明らかになった．

　その後，グリーンランドや南極の各地で盛んに氷床の深層掘削が行われてきた．南極では，1980年，2,083 mまでの掘削により16万年の気候を明らかにした標高3,488 mのボストーク基地（旧ソ連）での氷床コアが有名で，その後，3,623 mまでの掘削が行われ，過去42万年の気候変動を明らかにした．ただし，その先の掘削は，氷床の下に湖[11]があることが判明し，100万年前に大気と隔絶した融解水の存在は，生命科学的にも期待が大きく，水を汚染させないという命題を受けて，慎重に検討されている．わが国でも，先のみ

＊11　氷床下湖：ボストーク基地の真下に，広大な，琵琶湖と同じくらいの面積で広がった湖が存在することが明らかになり，厚い氷床の下にも融け水があることがわかってきた．ボストーク湖と呼ばれ，100万年大気と隔絶された場所で，異なった進化をした生命体が存在するのではないかとの想像を呼んだ．その後さらに，ボストーク湖だけではなく，氷床の下の広い範囲に融け水が広がっており，相互につながっていることがわかってきた．

ずほ基地での掘削の後，本格的に氷床頂上部である「ドーム」域での掘削を目指し，南緯 77 度 19 分，東経 39 度 42 分の標高 3,810 m の頂上（年平均涵養量 2.7 cm）にドームふじ基地を造り（1991 年から 4 年間にわたり物資，燃料を輸送して基地準備を行う），第 36 次隊の 1995 年から 3 か年の計画で越冬が行われ，深層掘削が始まった．掘削された氷床コアの様子を図 8.1 に示す．初年度は 500 m まで掘削，2 年度の第 37 次隊で 1996 年 12 月に 2,503 m までの掘削が行われた．深層掘削には，氷の自重により掘削した孔が縮んでしまう現象が起こるものだが，それを防止するために氷と比重が近い液封液（低温でも凍らない不凍液など）を注入して掘削を行っている．ところが，液封液が次第に漏れて（氷床中にしみ出し）不足したため液面が低下し，その結果，掘削孔が収縮しドリルが動かなくなってしまった．そこで，筆者が隊長を務めていた次の第 38 次隊で追加の液封液を持ち込んでいたのであるが，まだ大陸上の雪上車による輸送を始めた矢先の出来事であり，急遽ドームふじ基地から輸送サポート隊が編成され，必要な液封液を急搬送して掘削孔に新しい液封液が注入された．しかし，努力もむなしく，ドリルを回収することはできず，このドームふじ深層掘削は 2,503 m で終わった（藤井・本山，2011）．

　ドームふじコアの解析から，32 万年（その後詳細な年代決定から 34 万年となった）の気候変動が明らかになった．図 8.2 にはドームふじ氷床コアの気温の指標として酸素同位体比（δ^{18}O）が示されている．氷は H_2O からなるが，その O や H の同位体，すなわち [18]O や重水素 D の比率が，雪が

図 8.1　ドームふじにおける氷床深層掘削で掘削されたコアの写真.

できるとき（水蒸気から凝結するとき）の温度に比例するという関係を利用している．この図から，32 万年にわたり寒い時期，氷期と，その間の温かい時期，間氷期があり，それがおよそ 10 万年の周期でくり返されていることがわかる．ここ 100 万年全体は氷河期といわれる時代であるが，その中でも周期的により寒い期間，氷期と，温かい期間，間氷期，がくり返している．氷の中には，大気中を輸送されてきたエアロゾルが微粒子や不純物成分として混じっており，また氷の中の空気を取り出して分析すると，当時の大気中の CO_2 濃度などが調べられる．それらの結果も図 8.2 に並べられている．CO_2 濃度は，氷期の 200 ppm から間氷期の 280 ppm までの間で，ほぼ気温と同期した変化をしているのがわかる．

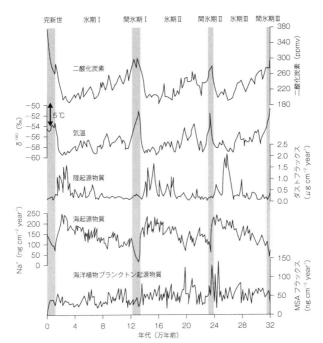

図 8.2 ドームふじ氷床コア解析から得られた 32 万年にわたる二酸化炭素濃度（CO₂），酸素同位体比からみた気温，微粒子や不純物成分の変化．灰色の帯は間氷期（温かい期間）を示す．

一方，ダスト濃度（0.63 μm 以上の固体微粒子）は，陸域を起源とする物質と考えられているが，3 回の氷期にわたって，いずれも氷期の終わり頃，最も寒い頃，濃度が高くなっている．また，Na⁺イオンは，海水起源と考えられているが，その濃度変化は気温とほぼ逆相関で，間氷期に低く，氷期に高くなっている．気温との関係でいえば，寒い時期には海氷が

広がっていて海からの距離が遠いと想像できることからは，Na$^+$イオン濃度は低くてもよさそうだが，むしろ高いということで，大気中の輸送過程の違いではないかと類推されている．また，海氷は必ずしもNa$^+$イオンの放出を妨げるのではなく，海氷表面からの海塩成分の放出もあり得て（第6章参照），その場合は海氷の広がりと対応する．一番下に海洋植物プランクトン起源としてメタンスルホン酸（MSA）が挙げられ，あまり明瞭な関係はわからなかったが，その後，最近の研究では，海洋生物プランクトン起源（硫化ジメチルDMS由来）の硫酸塩エアロゾルの変動を調べ，氷期に減少し間氷期に増加していたことが明らかにされている（Goto-Azuma *et al*., 2019）．

　先にも述べたように，グリーンランドでもいくつもの深層掘削が行われている．GRIP（Greenland Ice Core Project）は，ヨーロッパ連合により標高3,238 mのグリーンランド頂上部にて1990〜92年に3,028.8 mまで掘削されたものである．その地点からわずか28 km西では，アメリカによるGISP2（Greenland Ice Sheet Project 2）が1993年までの5年間で3,053.44 mの氷床コアを掘削し，さらに岩盤1.55 mを掘削した．このあまりにも近い2点での掘削コアの比較が興味ある所であるが，深度軸に沿った酸素同位体比が比較された．その結果，初めの1,500 mまでの安定した完新世，そこから次第に気温が低下し，突然の寒冷期（YD：Younger Dryas；新ドリアス期ともいう），そして氷期における激しい変動（DO：Dansgaard–Oeschger event）は2,750 m深までは両者とも極めてよく一致していた．ところが，最深部10%の，

2,750 m 以深では，両者の相関はまったくなくなってしまう．大変不思議なことだが，これは，GISP2 コアの基盤に近い深い部分で氷床の流動が変形を受け，層序が崩れてしまったためといわれている．整った時間軸をつけられず，10 万 5 千年以前，すなわち一つ前の間氷期（イーミアン期）の記録が得られなくなってしまった．そこで，あらたに NGRIP（North Greenland Ice Core Project）がデンマーク主導で日本を含む 9 か国が参加して計画され，標高 2,917 m のグリーンランド頂上より少し下がった氷厚 3,085 m の場所で，1996〜2003 年，岩盤までの深層掘削が実施された．

70 万年を越える氷床コアと詳細な解析

先のドームふじ基地での氷床深層コア掘削が成功したものの，あと 500 m，岩盤まで到達すれば過去 100 万年のコアを採取できるのではないかと，わが国の雪氷研究者は再度の深層掘削計画，「第 2 期ドームふじ深層コア掘削計画」に挑戦することとなった．2001 年から準備を始め，2003 年は越冬して基地周りの整備や掘削の準備を行った．本番の掘削は，越冬せずに夏期間に実施することとなり，ドローニングモードランド航空網（DROMLAN；166 ページ参照）による航空機を利用してドームふじ基地への往復をし，長めの夏期間を確保して掘削作業が何シーズンにもわたって続けられた．2003/04 年シーズン，第 45 次隊から本格的掘削が始められ，4 シーズン目，2006/07 年に 3,035 m 深までの掘削を達成した．掘削最終局面では，回収したコアは融解水の再凍結した氷からなっており，氷床底面が融解していることが明らかに

なった．また，コア内に岩石の破片も見つかり，岩盤に到達したことをうかがわせた．

　ちょうど同じ頃，ヨーロッパグループ（EPICA：European Project for Ice Coring in Antarctica）による2か所での掘削が行われていた．1か所は，グリーンランドコアとの詳細な比較を可能とする時間分解能の高い，年層の厚い，すなわち年涵養量の多いコアが得られるよう，海に近いドローニング・モードランド（DML：ドイツのコーネン基地；南緯75度，東経0度，標高2,829 m；年涵養量6.4 cm）であり，もう1か所は，より古い年代までのコアが得られるよう，涵養量の少ない場所としてドームC基地（南緯75度，東経123度，標高3,233 m；年涵養量2.5 cm）であった．後者では82万年前までの氷資料が得られた．しかし，いずれのコアも100万年以上前の古い資料は得られなかったため，100万年を超える古い氷を求めてさらに掘削が計画されている．

　これまで述べてこなかったが，氷床コアの解析で，じつは年代の決定が大変難しい．すでに，図8.2では，深さ軸ではなく年代軸で示してきたが，深さごとの年代への換算が行われている．涵養量の多い所では，年々の層が数えることができる場合もあるが，南極の深層コアでは難しい．ここでは，表面での年々の降雪量すなわち涵養量の気温依存性を基に，同位体比で求めた気温の分布から涵養量変化（堆積速度）を求め，それが重さで圧縮される割合を流動モデルから計算して加味し，年代が決められた．また，氷の中の空気からCO_2濃度を分析したといったが，この空気の年代が氷の年代と同じになる保証はない．積雪が圧密されて氷に固まるのは深さ

80〜100 m 程度ということだが，それまでは積もった雪には隙間があり，空気は自由に上下することができるため，氷化するときに取り込まれる空気はその氷と同じ年代のものではなく，より年代が新しいものになる．そのため，空気年代は氷の年代より 1000〜5000 年も遅れることがある（一定ではない）とのこと．いよいよ難しい．空気年代と氷の年代のズレはあるものの，空気中のメタン濃度の変動が明瞭で，南極，北極（グリーンランド）ともに明らかであることから，絶対年代は別として，南北のコアを比較する際に，メタン濃度の変動を合わせ込むことで相互比較が行われるようになった（Blunier *et al.*, 1998）．極めて正確に年代を合わせることができるため，詳細なコア同士の，そして南北比較が可能となった．

　さて，ドームふじコアのより精密な年代決定方法が，その後，わが国で確立された．北半球高緯度の日射量変動が，数万年から 10 数万年の気候変動を支配しているというミランコビッチ仮説がある．地球は自転しながら太陽の周りを公転しているが，その軌道は楕円形で，10 万年の周期で伸び縮みしている．自転軸はその傾斜角が 4 万年周期で変動するとともに，2 万年周期で歳差（ミソスリ）運動をしている．これらの結果，それぞれの周期で日射量の変動をもたらし，気候の変動をもたらすというものである．この説によれば，過去の日射量変動は幾何学的な考えから極めて正確に計算できる．一方，氷床コア中の酸素濃度のわずかな変動は，ドームふじにおける夏期の日射量変化と相似形をしているという驚くべき事実である．その理由は，夏の強い日射によって表面

付近の雪粒子が変化し，空気が氷に閉じ込められるときの窒素に比べた酸素の濃度の減少を規定する．したがって，酸素の窒素濃度に対する比が日射量変動を表すというものである．そこで，計算された日射量変動のカーブと酸素濃度比変動のカーブを合わせ込むことで，新しい年代軸が決まる．ドームふじ深層掘削氷床コアは最深部34万年であることが確定した．同じ手法をボストーク基地でのコアにも適用し，両者の年代が1000年以内で一致させることができた．さらに，この新しい年代軸で見た酸素同位体比による気温変動およびCO_2濃度変動を改めて，北緯65度における日射量変動と比較すると，南極の気温変動が数千年の遅れで正確に追随していることが示され，上記の日射量変動で表される地球の太陽との幾何学的な位置関係が気候を支配しているというミランコビッチ仮説の正しさが証明された（Kawamura *et al.*, 2007）．

　これら新しい技術を武器に，第2期ドームふじコアの高精度の解析が行われた．図8.3Bに3,035 mのコアから得られたドームふじ域の気温変動（水素同位体比）すなわち南極の気温がコア空気中のCO_2濃度変動と比較して示されている（Uemura *et al.*, 2018）．一番深いところ，最も古い年代は72万年で，期待の100万年には達せなかったことは上に述べた．氷期―間氷期の4周期，40万年強前までは類似の10万年の周期が見られているが，それ以前は氷期―間氷期の振幅も小さめになるし，規則性も乱れている．このような違いが何によってもたらされているのかは，いまだ説明されていない．一方，上段の図8.3Aには，水蒸気発生海域の海水温が記さ

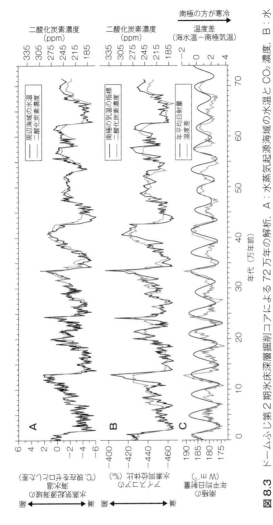

図 8.3 ドームふじ第 2 期氷床深層掘削コアによる 72 万年の解析。A：水蒸気起源海域の水温と CO₂ 濃度，B：水素同位体比（ドームふじの気温を表す）と CO₂ 濃度，C：南極の年平均日射量と気温差（海水温－南極気温）。

れている．これは，酸素同位体比と水素同位対比が決まる仕組みが，水蒸気が凝結して雪になる温度だけではなく，じつは海水から水蒸気が発生する（蒸発する）ときの海水温にも依存していることを考えているためである．水の同位対比から水蒸気輸送・降雪過程の影響を取り除き，水蒸気が蒸発した海の状態を復元する指標として，酸素同位体比と水素同位対比の微妙な違いを表す d 値（d＝δD−8 δ^{18}O；deuterium excess）が使われた．この海水温も，大凡は B に示された南極の気温と同じような変化をしているが，詳細に見ると微妙な違いがある．この結果から，コア空気中の CO_2 濃度は，南極氷床上の気温よりも，さらに海水温によく一致しているように見える．

CO_2 濃度と気温の変動，どちらが先か

　さて，これまで何か所かで，氷河期の CO_2 濃度の変動と気温変動との関係が示され，読者は現在の地球温暖化からの類推で，CO_2 が増えたから気温が上がったり，逆になったりしているのだろうかと疑問を抱かれたものと思う．CO_2 濃度が変化したから気温が変わったのか，逆に気温が変化したから CO_2 濃度が変わったのか？　じつは極めて難しい課題で，その解明は氷床コア研究の最大の課題といってもよいだろう．先に述べたように，氷の年代と，コア中の空気の年代にズレがあることも解析を難しくしている．しかし，図 8.3 で見たように，CO_2 濃度変動は海水温と極めてよく同期しているのに対し，南極の気温に対しては同時かわずかに遅れ気味であることがわかる．この問題に対して，別な研究によれば，図

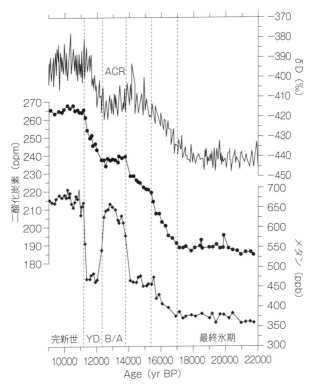

図 8.4 最終氷期末から温暖期の完新世への移り変わりの気温（上）と CO_2 濃度変化（中），南極ドーム C コアによるものと，北半球の気候変動を示すメタン濃度変動（下）．

8.4 に見るように，最終氷期末から温暖期の完新世への移り変わりの際，CO_2 濃度変動は南極の気温変動とよく似ているのに対し，メタン濃度から類推される北半球の気候変動パターンとは異なっていることから，CO_2 濃度変動に対しては，

北極より南極・南大洋が重要な役割を果たしていたと示唆される.

　最近までの研究からの説明は以下の通りである（Sigman et al., 2010; Kohfeld & Chase, 2017）．最初のきっかけはミランコビッチ仮説で示された地球の太陽との幾何学的な関係の変化による日射量変動に伴い気温が変化することである．寒冷化に向かっては，気温のわずかな低下，海水温の低下で海に溶け込む CO_2 量が増加するとともに，南極周辺の海氷を発達させ，海にふたをすることで海からの CO_2 の放出を抑え，大気中の CO_2 濃度は下がる．CO_2 濃度が下がることによって，温室効果は弱まり寒冷化はさらに進み，また海氷の拡大で，氷―アルベド・フィードバックで冷却を促進する．この氷―アルベドと CO_2 濃度低下による温室効果減少のフィードバックがさらに寒冷化を促進したというものである．これは氷期に向かう初期段階，11.5～10万年前までの変化で（Kohfeld & Chase, 2017），気温は 6.5 ℃低下するとともに CO_2 は 35 ppmv 低下する．

　続く大きな変化は 8～6.5 万年前の変化で，このときは海表面での冷却や海氷の拡大に加えて，より深層までの海流変化が効き，深層の成層化で表層との混合が弱まり，CO_2 は底層に貯留し閉じ込められる．また，大気からのダストの供給も多く，海洋への鉄分の肥沃化に働き，それがプランクトンの活発化，沈降による生物ポンプの加速も加わる．こうして貯留された CO_2 は $CaCO_3$ をつくることで，海水のアルカリ化が進み，より多くの CO_2 の貯留を可能とする．この過程で，CO_2 はさらに 40 ppmv 低下するというものである．いまだ，

不確実な点は多いとのことだが，いずれにしても，地球規模の気候変化に南大洋の役割が大きいらしいことが明らかになった．

南北コア比較と南北のシーソー，全球海洋熱塩循環

　せっかく図8.4が示されたので，もう少し詳しく見ていこう．10万年続いた最終氷期から温暖期に向かう変化は18,000年頃の最終氷期極大期（LGM：Last Glacial Maximumという）から次第に気温が上昇して完新世への遷移が見られる．氷期から間氷期への遷移をターミネーションと呼ぶが，ここは最も新しい遷移で，ターミネーションIと呼ばれ，温暖化にともなって北米やヨーロッパを覆っていた巨大な氷床が後退，消滅したとされている．ところが，北半球の気温を反映しているメタン濃度からも類推されるように，ターミネーションで気温が単調に上昇したのではなく，温暖化の途中で12,800年から11,600年にかけて一旦，寒冷化を示している．この寒冷化をヤンガー・ドライアス（YD：Younger Dryas，ヤンガー・ドライアスともいう）と呼んで，北半球の広域で起こったことが知られている．この頃の急激な気温変化はGRIP，GISP2やNGRIPコアから詳細に解析され，近年の100年に1℃という激しい温暖化以上の，およそ10℃もの気温上昇が数十年以内という短期間に起こる急速な温暖化が起こっていたことが示されている．ヤンガー・ドライアスの原因は，北半球の氷床が融解した融け水（淡水）が大量に北大西洋に流入し，海洋の熱塩循環を弱めたためとされている．さて，このヤンガー・ドライアスが全球的な現象であ

ったかが問題だが，先の図8.4の南極の気温には同時には現れていない．南極の気温は，ヤンガー・ドライアスに先行すること1000年程に同じような寒冷化が小さく起こっており，これを南極寒冷反転（ACR：Antarctic Cold Reversal）と呼んでいる．南極の寒冷化が起こった後に北極の寒冷化が起こり，まさに南極と北極の気温がシーソーのように関連しているように見える．

前節で紹介した南極，北極の新しい氷床コアの解析結果を比較し，1万年から6万年BPという氷期の南北の気候変動が議論されている（EPICA community members, 2006）．図8.5は，メタン濃度で時間軸を合わせた各コアからの酸素同位体比，水素同位対比，気温の比較である．まず，グリーンランドEGRIPコアの結果を見ると，ターミネーションだけでなく，氷期の途中にも多くの短周期の急激な変動が見られる．氷床コア研究の元祖の名前から，ダンスガード・オシュガー・イベント（DO：Dansgaard–Oeschger event）と名づけられた．氷期の中で，より寒い亜氷期と幾分温かい亜間氷期の一組を一回のDOイベントという．グリーンランドでは，過去12万年の間に25回千年スケールのDOイベントが起きていた．一方，南極のコア，とくに時間分解能の高いEDMLコアで数千年スケールの気温変動がきれいに見られ，温暖化イベントをAIM（Antarctic Isotope Maximum）と名づけた．その後，よく調べると，同じようにAIMがドームふじ，ドームC（EDC）さらには古いバードコアでも見られ，DOイベントすべてに対応していることがわかってきた．図8.5を詳しく見ると，グリーンランドが寒いときには（亜

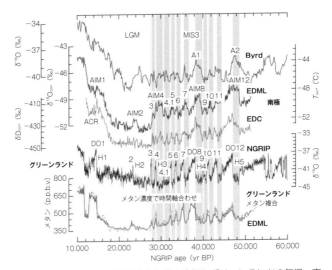

図 8.5 メタン濃度で時間軸を合わせた南極とグリーンランドの気温．南極バード基地のδ¹⁸O，EDML（コーネン基地）のδ¹⁸O，EDC（ドームC基地）のδD，グリーンランド NGRIP のδ¹⁸O によるもの．下段は EDML とグリーンランドのメタン濃度．

氷期）南極が温暖化し，グリーンランドで亜氷期が終わり温暖化が起こると南極では温暖化が止まり，徐々に寒冷化に向かう．明確なシーソー現象である．さらには，グリーンランドでの亜氷期の長さ（寒冷継続期間）と南極の気温上昇幅が比例していることもわかった（図 8.6）．

　そしてこの南北のシーソーは海洋の熱塩循環，子午面逆転循環（Brocker, 1987；図 2.4）が結びつけているためだということである．北極の温暖化により氷河の流出，海氷の融解などで淡水が海に流れ込むと，深層水の潜り込みは弱まり，

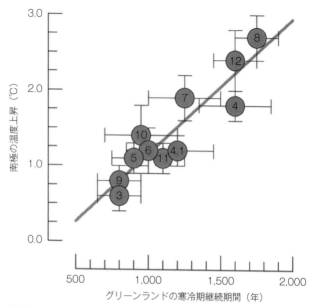

図 8.6 グリーンランド NGRIP の寒冷期継続期間と亜氷期－亜間氷期変化に伴う南極の気温変化幅の関係.

また北大西洋への熱輸送も止まり北極は寒冷化する．一方，潜り込んだ深層水は世界の海を循環し南極大陸を巡る深層循環にも及ぶという海洋循環のコンベアーベルト，すなわち熱塩循環が弱まり，したがって南大洋に蓄えられているといわれる貯留熱が運び去られるのを抑え，その分南極は温められる．次に，熱塩循環が強まると北極は温まり，南極は寒冷化するという説明である．このように，地球規模の千年スケールの気候変動を支配している MOC であるが，第7章に見たように，時間スケールはまったく違うが近年の温暖化の南北

の違いをももたらす原因にもなっているという説は興味深い．しかし，完全に確立した理論ではなく，最近まで，まだまだ多くの議論がある（Pedro *et al.*, 2018）．とくに全球の海洋熱貯留溜が南大洋にあるのか，南極周極海流（ACC）より北側にあるのではないかといった議論は尽きない．ペドロほかは気候モデルによる MOC の弱まった時期と強く復帰した時期を比較しているが，温暖化している地域と寒冷化している地域が対照的に入れ替わっており，第7章の議論ともつながって印象的である（Pedro *et al.*, 2018）．

コラム5　ゴンドワナ大陸と南極大陸氷床の形成

　この章では，長い時間スケールの気候変動といっても，氷床コアなどからたどれる100万年以内の変化を見てきた．では，それより前はどうなっていたのだろうか．大陸移動によりゴンドワナ大陸から南極大陸が分離し始め，「南極」の場所（南極点の付近）に落ち着いたのが1億年前といわれている．さらに大陸が孤立して周りが完全に海に取り囲まれるようになった（南米南端と南極半島の間のドレーク海峡が開いた）のが3500万年前，南極大陸を冷やすことにつながり，氷床が作られるようになった．3000万年前には，大陸いっぱいの氷床が発達した．しかし，いまだ大気中 CO_2 濃度は高く，氷床は大きくなったり小さくなったりの一進一退をくり返していた．

　やがて，CO_2 濃度が300 ppm 以下に下がった250万年前頃から，氷床は安定的に発達して氷河期に突入した．

それからの変化は，本章で見た通り，氷期―間氷期のサイクルをくり返すようになって，現在に至っている．その間，CO_2濃度は 200 ppm～280 ppm の間を行き来していた．現在，CO_2濃度が 400 ppm を越え，さらに上昇する勢いにある中，先の氷期―間氷期サイクルに再び戻れるかどうか，その保証はない（M. マリスン『気候』サイエンス・パレット参照）．

　この説でわかるように，南極大陸の岩盤はゴンドワナ大陸の一部だったわけで，インドやアフリカとつながっていた．昭和基地の近くのリュツォホルム湾は，ちょうどセイロン島が分離した場所で，そのくぼみが湾になっている．したがって，昭和基地近くの岩石はインドやセイロン島と同じものからできており，地質の研究者はセイロン島に調査に行く理由がわかる．

第 9 章

私たちにとって，
今，南極，北極とは

温暖化による氷床融解と海面上昇

　第 8 章までで，北極，南極の姿を見てきたが，この中で，近年の地球温暖化に伴って北極，南極が果たす最も大きい世界中への影響は，氷河・氷床の融解に伴う海面水位の上昇であろう．すでに第 5 章に記したように，北極（グリーンランド氷床）の融解・崩壊が進んでおり，また北極海を巡る氷河もほとんどすべて減少が報告されている．すなわち，大量の淡水が海に供給されているわけである．

　南極はどうか？　南極氷床はその大きさから，すべて融けると海面をおよそ 60 m も上昇させることになるほどの氷を蓄えているわけで，その影響はグリーンランドに比べはるかに大きくなる可能性がある．南極半島，そして西南極では温暖化が顕著で，また氷河・氷床の融解も進んでいることは第 7 章に見た通りである．では，東南極を含む南極全体ではどうか．東南極は温暖化が進んでいないから，氷床の変化もな

いだろうとも思われるが，その評価はなかなか難しい．温暖化すると，大気中の水蒸気量が増え（大気中の飽和蒸気圧は気温によって直線的より急上昇する）降水・降雪も増えて質量収支は増加するのではないかという見方は昔からあった．ただ，降雪量の正確な測定は極めて難しく，大気側からのデータでは評価しがたい．実際に人工衛星によって氷床表面高度を測り，増加傾向にあるとの結果も出された（たとえばZwally *et al.*, 2014）．これも，広大な南極氷床上の結果をいかに平均するかなどの難しさがある．最近は，東南極もむしろ氷床の質量は減少しているのではないかとの説も出ている．東南極全体ではないが，第7章に述べた東経115度付近のトッテン氷河域，東経100度付近，シャックルトン棚氷奥のデンマン氷河域など，局所的ではあるが氷河・棚氷底面が融解し氷河の流出が進み，質量収支をマイナスにするのに効いているのではないかということである．

　これらを総括して，現状と今後の推移が国際機関でまとめられている．北極評議会傘下のAMAP（Arctic Monitoring and Assessment Programme）からのSWIPA（Snow, Water, Ice and Permafrost in the Arctic）報告書で，現状の海面水位上昇に寄与している各成分が挙げられた．2010年までの，ここ10年の平均であるが，年間の海面水位上昇は約3 mmであり，そのうち3分の1は海水の温度膨張，3分の1は北極（氷河とグリーンランド）の影響，そして残る3分の1が北極以外の山岳氷河や南極氷床，その他となっている．年間で3 mm，10年で3 cm，100年でも30 cmなら，大したことないのではと感じられるかもしれない．しかし，これは，

現在の温暖化状況の下でのことで，温暖化がさらに進展すれば，この海面上昇は加速してしまい，年間上昇も大きくなってしまう．また，これはあくまで平均であり，地域によって，気象状況によっても，さらに干潮・満潮によっても変化する．すでに，台風の高潮時に沿岸地域が浸水したというニュースはよく聞いている．

　では，気温そのものはどうなるのだろうか．北極の温暖化についても図9.1の評価が示されている．温暖化が進むと西暦2100年には気温がどうなるか，CO_2など温室効果気体の排出が現状とあまり変わらないと仮定した場合（RCP8.5），年平均気温は全球平均で5℃，排出抑制をした場合（RCP4.5）2℃となっている．ここでRCPとは代表的濃度推移（Representative Concentration Pathway）といって，気候モデルで予測する際の温室効果気体の濃度をどう変化させるかのシナリオであり，数字は2100年時点での放射強制力（W/m^2）を示す．この全球年平均気温の上昇は，すでにいろいろなところで聞いたことのある数値ではないだろうか．これ自体，なかなか大変なことで，そのため，2100年に気温上昇をせめて2℃までに抑えなくてはいけないと，国連の下，気候変動枠組み条約（UN/FCCC：United Nation/ Framework Convention on Climate Change）の年会（Conference of Parties：COP15, 21）などで，様々な国際的取り決めがなされている．さて，北極はどうなるか，北極の年平均気温の推移では（図9.1中），2100年には抑制しても5℃，抑制しないと10℃近くになる．世界中で2℃に抑えようと努力されても北極は温暖化増幅で5℃も温暖化が進んでしまうのである．これは年平均の話で

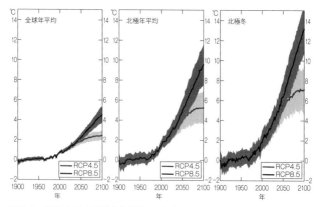

図 9.1 気温上昇の観測値と将来予測（1900～1950 年を基準に），温室効果気体高排出例（濃灰色）と緩排出例（薄灰色）．左）全球年平均，中）北極年平均，右）北極冬平均．

あったので，さらに季節，冬の結果（冬に北極の温暖化増幅が激しいというのは第 4 章で見てきた）を見ると（図 9.1 右），驚くことに，抑制しても 7 ℃，抑制しないと 13 ℃を越える温暖化になってしまう．北極にとっては由々しき事態，大変なことになってしまうことが予想される．なんとしても，排出抑制をしなければならない．

　こういう事態の中，1980 年代終わりから，国連と世界気象機関（WMO）で共同して気候変動の見通しを評価する活動，気候変動に関する政府間パネル IPCC（International Panel on Climate Change）が設けられ，5 年ごとくらいに報告書を出してきた．第 5 次報告書（IPCC, 2013）の後，第 6 次の報告書が準備中だが，温暖化の緊急事態に，特別報告として，なんとか 1.5 ℃に抑える努力を目指す 1.5 ℃特別報告

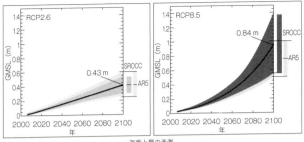

海面上昇の予測
評価には幅が大（IPCC SROCC 2019）

図 9.2 海面水位の将来予測．緩排出（RCP2.6，左）と高排出（RCP8.5，右）の場合．最も確からしい評価は黒実線，色つき部分は評価幅．以前の評価（IPCC 2013，AR5）との違いも記されている．

書（IPCC, 2018），とくに温暖化の問題の焦点である海洋・雪氷圏特別報告書 SROCC（IPCC, 2019）などが発出されてきた．図 9.2 には，この SROCC によって示された海面水位の最新の評価を示そう．これを見ると，同じく RCP8.5 の場合，2100 年には海面水位は平均で 84 cm 上昇する，誤差範囲としては 61 cm から 1.1 m の幅になるとのこと．1.1 m 海面が上昇してもおかしくないという，先ほどの 30 cm に比べ，はるかに大きな海面上昇の心配があるということになる．まさに，待ったなしの状況にあることを理解いただきたい．

南極条約体制

IGY を契機として始められた南極観測であるが，南極大陸の国際的位置づけは不安定なものであった．観測を担った 12 か国のうち，7 か国は南極に領土権を主張しており，米，ソ 2 大国は領土権を保留していたが，領有地域の重複もあり，

紛争の火種になることは目に見えていた．第二次世界大戦終結後，再び戦火が起こらないよう，なんとかこの問題を解決しようと，南極条約が1959年に採択された．争いのない平和な場所として南極を守っていこうとの共通の意思から，平和の維持，軍事行動の禁止，領土権の凍結，そして科学による国際協力をうたった南極条約に結実した．科学も行おうということではなく，あらゆる問題を科学を前面に出すことで封じ込めてしまおうという構想の条約で，このおかげで世界で唯一の恒久平和の場所になった．先の12か国によって署名され，わが国もその一つ，原署名国となった．

条約は1961年発効し，現在では54か国が加盟（締約）する大きな条約になった（表9.1)．南極で活動する29か国が協議国となり，議決権を持つ南極条約協議国会合（ATCM：Antarctic Treaty Consultative Meeting）を毎年持ち回りで開催している．さらに，近年の地球規模環境問題に関連し，あらゆる活動の環境影響評価，鉱物資源活動の禁止，動植物相の保護などをうたった，南極環境保護議定書が1991年に採択されている（1998年発効）．潜在的に資源の存在がいわれる中，なんとか開発が抑えられているのもこのおかげである．しかし，世界の多くの国々は無関心ではあり得ず，南極中に基地を巡らしている国もあるほどであり，本音と建前が交錯している．議定書発効50年後の2048年に向けて，資源開発の可能性などを期待している向きもあるやに想像する．

南極条約と並行して，科学者の集まり，南極研究科学委員会（SCAR：Scientific Committee on Antarctic Research）が同じく1959年に発足した（ICSUの下；先の南極特別委員

表 9.1 南極条約加盟国(○), 協議国(◎), および原署名国(◎), 2020 年現在.

南極条約協議国		その他の締約国	
アルゼンチン	◎	オーストリア	○
オーストラリア	◎	ベラルーシ	○
ベルギー	◎	カナダ	○
ブラジル	○	コロンビア	○
ブルガリア	○	キューバ	○
チ リ	◎	デンマーク	○
中 国	○	エストニア	○
チェコ	○	ギリシャ	○
エクアドル	○	グアテマラ	○
フィンランド	○	ハンガリー	○
フランス	◎	アイスランド	○
ドイツ	○	カザフスタン	○
インド	○	北朝鮮	○
イタリア	○	マレーシア	○
日 本	◎	モナコ	○
韓 国	○	モンゴル	○
オランダ	○	パキスタン	○
ニュージーランド	◎	パプアニューギニア	○
ノルウェー	◎	ポルトガル	○
ペルー	○	ルーマニア	○
ポーランド	○	スロバキア	○
ロシア連邦	◎	スロベニア	○
南アフリカ	◎	スイス	○
スペイン	○	トルコ	○
スウェーデン	○	ベネズエラ	○
ウクライナ	○		
英 国	◎		
米 国	◎		
ウルグアイ	○		

会が発展，当初は「南極研究特別委員会」と称した）．南極研究の方向性を示し，南極での共同研究を主導した．SCARには現在44か国（準加盟12か国を含み）が加盟，2018年には，今後10年で進めるべき南極観測の主要課題をリストアップし公開，各国研究の方向性を示した．さらには，SCARから派生して，南極観測を実際に担う担当者の集まり，南極観測実施責任者評議会（COMNAP：Committee of Manager of National Antarctic Programs）が組織され，各国観測の設営面での意見交換，共同を議論している．

　南極観測の設営というと，遠く離れた南極への輸送が大きな鍵になる．これまで，一部の国は航空網を確立していたが（アメリカ，ニュージーランドはニュージーランドクライストチャーチからマクマード基地に；チリ，アルゼンチンは南米先端から南極半島のフライおよびマランビオ基地に；イギリスも一部，ロゼラ，ハレー基地に；その後オーストラリアもホバートからケーシー基地に），それ以外の多くの国は，観測船（ほとんどは砕氷船）で人員および物資を南極に輸送してきた．しかし，南極海を横切る航海は揺れも大きく，忙しい現代に非常に効率が悪い輸送体制であった．そこで，上記のマクマード基地と南極半島への2系統の航空網から外れる，東南極に基地を持つ各国はドローニングモードランド航空網（DROMLAN）という組合を組織して，航空網を創出した．大陸間は南アフリカ，ケープタウンを拠点に，ロシアのノボラザレフスカヤ基地（東経11度付近）に到達する便をロシアの大型輸送機で結び，そこから離れた各基地までは，別途チャーターしたスキーを履いた小型機，おもにバスラー

ターボ機（旧 DC-3 を改装したもの）を使って結ぶというものである．わが国もこれに加盟しているので，一部観測隊員の輸送に度々利用している．これまで，ドームふじ基地での氷床掘削チームやセールロンダーネ山地での地学調査グループなど効率的な輸送が役立った．昭和基地前の海氷上にも滑走路を整備しているが，夏は氷が融け弱くなるので危険で使えず，大陸上 S17 地点を航空拠点として滑走路を整備している．昭和基地への緊急物資輸送などにも活用されてきた．

地球全体が気候・環境問題にさらされる中，なんとか南極を守ろうと，南極条約体制の真価が問われている．

北極の国際体制

北極には北極条約はない．北極圏の中には 8 か国が存在し（アメリカ，カナダ，デンマーク＝グリーンランド，アイスランド，ノルウェー，スウェーデン，フィンランド，ロシア），北極海も沿岸各国（5 か国）の領海，そして排他的経済水域からなり，本当の公海はわずかである．そういうことで，北極の多くは各国の主権の下にあり，なかなか自由に行動することは難しい．その中にあって，スバールバルは，ノルウェーが管轄する領土であるものの，スバールバル条約加盟各国が自由に出入りし経済活動を行える場所となっている．ある意味，南極と似ており，南極条約もその構想の元にはスバールバル条約があったといわれている．この条約は 1920 年，第一次世界大戦後の状況下締結されたものであり，わが国も戦勝国の一員として原署名国である．スバールバルでは，ノルウェーがかつては炭坑に，近年では科学観測に中心的な活

動を担っているほか，ロシアやポーランドの炭坑街なども存在し，観測基地にもなっている．

　北極海は長く冷戦が続き自由な出入りができずにいたが，ソ連の崩壊に伴う冷戦の終結で自由な活動が可能となり，北極研究は活発になった．1987年，ソ連のゴルバチョフ書記長のムルマンスク宣言「北極開放」を受けて非北極圏国も含めた北極研究の機運が高まり，国際北極科学委員会（IASC：International Arctic Science Committee）が創立され，ほどなくわが国も加盟した．その辺の経緯についてはすでに第1章に記した．科学活動に遅れて1996年，北極での国際協力を目途に北極圏8か国による北極評議会（AC：Arctic Council）の設置がなった．8か国以外では，北極特有の先住民（Indigenous People といって，その対応は各国重要課題；コラム2［82ページ］参照）が常時参加者として加えられており，そのほかはオブザーバーとして発言権のない傍聴が許されている．わが国も2009年にオブザーバーを申請し，2013年に認められている．そのいきさつについても様々な紆余曲折があったが（大畑ほか，2020），最終的にわが国の北極政策が定められたこととも同期している．北極評議会は設置されたものの，法的な拘束力は発揮できず，北極海に埋蔵されている資源や排他的経済水域拡張申請の競合など一触即発の危機もあり，いまだ北極域は不安定な状態にある．素人的には南極条約に匹敵する「北極条約」のようなものを待望するが，なかなか難しいのだろうか．

　なお，わが国の「北極政策」は2015年に定められている．総合海洋政策本部にて決定されたといういきさつから，わが

国政府のとらえ方は「海洋問題」の一環という感じが色濃いが，政策判断・課題解決に資する北極研究の強化，国際ルール形成への貢献，北極海航路の利活用に向けた環境整備と資源開発と，3つの課題を上げている．とくに第一に科学による貢献を上げていることは，筆者ら北極を研究するものにとっては心強く，期待したい．

北極評議会の下には様々な問題を専門的に議論検討する作業委員会が設けられており，先に紹介した AMAP（Arctic Monitoring and Assessment Programme）もその一つである．気候・環境変動に関わるメタンやブラックカーボンの検討をする委員会，動植物の生態系の問題を議論する委員会など様々なものがあり，わが国からの研究者も貢献している．このように，現地に居住し北極の生態系を糧にしている先住民のことから資源の問題，北極海航路のことなど様々あって，北極研究は科学だけでは閉じない．政策決定者への助言も必要になり，このような種々のステーク・ホルダー（なじみのない言葉かもしれないが，最近よく使われる「利害関係のある人々・団体」の意）への貢献も求められる．GRENE 北極気候変動研究に続く「北極域研究推進プロジェクト（ArCS；2015～2020）」では，こういった側面を強調したプロジェクトになっていた．

私たちは何をなすべきか？

これまで見てきたような温暖化，今後の温暖化の深刻化が予測され，待ったなしといわれる中，私たちは何をすればよいのだろうか．温暖化を抑えるためには様々な施策が必要で，

すでに多くが語られてきているが，決定打はない．オゾンホールの解消には，その原因物質のフロンなどの規制が功を奏したが，CO_2 はじめ温室効果気体の削減は容易ではない．人間活動のあらゆる局面で，エネルギーを得ようとする様々な過程で，CO_2 は排出されてしまうためである．

　CO_2 排出削減，大気中 CO_2 濃度を低下させ，脱炭素社会へ向かうことが求められている．そのために，エネルギー転換，すなわち化石燃料を止めて，電気自動車への移行，再生可能エネルギーや自然エネルギーへの移行が必要である．森林バイオマスの増大，海洋への吸収を増加させるという大気中 CO_2 削減策もあり得よう．先に見たように，現状，人為起源 CO_2 排出の内半分は陸上植物と海に吸収されているということからは，これら大気中 CO_2 吸収源を倍増すれば可能になることではある．しかし，海の方は海洋酸性化の問題がさらに深刻化してしまう．バイオマスをつねに増加させることも（化石燃料を使った分，バイオマスを増やせばつり合って大気中 CO_2 濃度は増えない計算になるが）現実的ではないだろう．いずれにしても，世界中の強い意思，一致した決断と実行が必要になる．それをいかに実現するか．先にも述べたように，気候変動を抑える，COP21 のパリ協定（2017）など，なんとか 2100 年までに全球平均気温の上昇を 2℃に抑えようとの努力が続けられているが，その成否にかかっている．そうすれば，海面上昇も 40 cm 台に抑えられるだろうとの見通し．何が何でも，そのための努力を始めなくてはいけない．スウェーデンの高校生グレタ・トゥーンベリさんの行動も覚えておられるだろうか．ひるがえって，わ

が国政府，財界，マスコミなどの動きの鈍さに失望する．どうぞ，私たちで，皆さんで声を上げていこう．もう待っている余裕はない．

　正面からの作戦以外に，温暖化を抑制する気候改変策（geoengineering；気候・地球工学）もあり得る．成層圏に硫酸エアロゾルを撒いて日射の反射を増やせば，日射を散乱，はね返し，地上が温まるのを抑えることができる．しかし，これは，まさにオゾンホールの原因にもなり得るし，極めて危険が大きい．その危険を回避するために海上で海水を吹き上げ，霧を作り同じく日射を遮ろうという試みも検討された．これでは，化学物質を使う危険もないということだが，全球一様に実施することは不可能だろうし，一部での実施では局所的な効果に止まり，また，気象が変わってしまい異常気象が起こる副作用も心配される．海に鉄を撒いて，プランクトンの活動を活発化して CO_2 の取り込みを増やすという方策もあり得る．しかし，これも，自然の生態系を変えるわけで，その副作用も不明である．このように，温暖化抑制の気候改変は，いずれも副作用が危険で，好ましい手段とは思えない．

　一方，大気中 CO_2 濃度を低下させるため，CO_2 を固定して大気中から除去してしまおうという，直接的方法も検討されている．固定した CO_2 を捨て置くだけでなく，さらに有効利用もしようという方法が検討されている．すでに，実験的には実証されており，いかに実用化するかがポイントになっている（Keith *et al*., 2018）．有望な手段だとはいえるが，どのくらいの費用で実現できるのか，コストと実用性が要である．すでに，1 t の CO_2 を固定するのに，250US ドルで可

能になるという試算も出されており，これならば，毎年 4 Gt の CO_2 を固定するために 100 兆円あまりと，全世界で日本の年間予算くらいを捻出して当てれば可能だとの説明になる．果たして本当だろうか，期待したい．

　そのほか，もう温暖化は抑えようがないので，原因の排除はあきらめ，対処策を取るという，消極的対応，最終手段もあろう．温暖化によって最も顕著な全球的な影響は海面水位の上昇である．これに対処すべく，堤防を高くする高潮対策，高所移住などがあり得るが，元々低地しかない太平洋島しょ諸国は対処のしようがないであろう．また，温暖化で異常気象の頻発，台風が強まるとか豪雨が起こりやすくなるなどに対しては，防風策，コンクリート家屋にする（事実，沖縄では鉄筋コンクリートの住宅が多いのを実感した），洪水対策を強めるなどがあり得る対処方針かと思う．しかし，これらに止まらない，砂漠化や農作物の生育地域の変化などには対処のしようがない．止むに止まれぬ対策ではあろうが，これが積極的温暖化対策とはいえないだろう．

　結局，私たちの意識改革，世界観の転換が必要になろう．まずはエネルギー資源の節約があろうが，あまり我慢を重ねることは長続きしない．冷房，暖房もない，昔の生活に戻らなくてはならないのか．とかく，私たち，とくに日本人は，節約，我慢をするしかないとネガティブに思いがちではあるが，それでは無理なのではないか．脱炭素社会に向けて世の中を変えるには，新しい技術革新，さらには技術に留まらない世界観の大転換が必要なのではないか，との声がある（温暖化に詳しい国立環境研究所の江守正多氏の講演 2018 より）．

172

果たして，具体的にはどうすればよいのであろうか？　期待したいが，読者の皆さんの考えはどうだろう．

　少なくとも，南極・北極が大きな問題であるのは確かだ．私たちは南極・北極に直接関わらなくとも，それぞれが生活する日常の場で，できることをやっていく．"Think Globally, Act Locally!"（広い視野で関心を持ち，それぞれの場で活動しよう）と期待されているのである．

参考文献 （引用文献を除く，一般的な参考文献）

極地研ライブラリー，成山堂書店

藤井理行・本山秀明　編著（2011）『アイスコア — 地球環境のタイムカプセル』［極地研ライブラリー］成山堂書店 236p.

平沢尚彦・山内恭　編（2017）『南極氷床と大気物質循環・気候』［気象研究ノート，**233**］日本気象学会 452p.

M・マスリン　著，森島済　監訳（2016）『気候 — 変動し続ける地球環境』［サイエンス・パレット 030］丸善出版 198p.

南極 OB 会編集委員会 編（2019）『南極読本 — ペンギン，海氷，オーロラ，隕石，南極観測のすべてがわかる』［改訂増補版］成山堂書店 270p.

『極地』（2018）［**55**（1）108］日本極地研究振興会 105p.

南極 OB 会編集委員会　編（2015）『北極読本 — 歴史から自然科学，国際関係まで』成山堂書店 176p.

渡部雅浩 著（2018）『絵でわかる地球温暖化』［KS 絵でわかるシリーズ］講談社 196p.

山内恭 著（2009）『南極・北極の気象と気候』［気象ブックス 027］成山堂書店 204p.

安成哲三 著（2018）『地球気候学 — システムとしての気候の変動・変化・進化』東京大学出版会 232p.

引用文献

石沢賢二（2018）「多彩な探検家ウィルキンスとその年代の極地飛行」［極地 **54**（2）］74-82.

井上治郎（1988）「カタバ風」［南極の科学 **3**，気象］古今書院 57-82.

大畑哲夫 ほか 著（2020）「日本における北極環境研究推進体制の転換―2005〜2011年の研究コミュニティーの貢献―」雪氷，投稿.

長田和雄（2019）「南極の大気エアロゾル」［南極読本，南極OB会編集委員会 編］成山堂書店 205-209.

川村賢二（2011）「過去数十万年の気候と環境の変化」［極地研ライブラリー アイスコア―地球環境のタイムカプセル］成山堂書店 153-164.

極（2014）国立極地研究所，**11**，16p.

國分征（2019）「5 オーロラ観測」［南極読本，南極OB会編集委員会 編］成山堂書店 37-43.

佐藤薫（2019）「南極昭和基地大型大気レーダー」［南極読本，南極OB会編集委員会 編］成山堂書店 229-240.

杉山慎（2018）「北極と南極における近年の氷河氷床変動」［極地 **107**］16-19.

高橋修平（2018）「北極探検の足跡と極地観光」［極地 54（2）**107**］38-49.

高橋修平・永延幹男（2016）「武富船長の北極海への挑戦―戦前にあった日本の北東航路航海計画―」［極地 52（2）**103**］72-78.

綱淵謙錠（1983）『極―白瀬中尉南極探検記』新潮社，上 217p，下 291p.

南極探検後援会（1913）『南極記』成功雑誌社，東京，468p.

平沢尚彦（2017）「南極氷床縁辺部のエアロゾル分布の特徴とカタバ風の関わり」［気象研究ノート 南極氷床と大気物質循環・気候，**233**］日本気象学会 287-295.

藤井理行（2006）「南極氷床から探る過去の地球環境」Jpn Geosci. Lett., 2（1），3-5.

藤井理行・本山秀明 編（2011）『アイスコア ― 地球環境のタイムカプセル』

［極地研ライブラリー］成山堂書店 236p.

山内恭 著（2009）『南極・北極の気象と気候』［気象ブックス 027］成山堂書店 204p.

山内恭（2017）「南極半島の気象と気候」［極地 **53**（2）］14-20.

吉森正和（2014）「北極温暖化増幅」［細氷 日本気象学会北海道支部報］, **60**.

渡辺興亜（2019）「深層雪氷コア―計画の構造と始まり」［南極読本, 南極 OB 会編集委員会 編］成山堂書店 168-171.

AMAP（2017）*Snow, Water, Ice and Permafrost in the Arctic（SWIPA）2017.* Arctic Monitoring and Assessment Programme（AMAP）, Oslo, Norway. xiv + 269 p.

Aoki, S. *et al.*（2003）Carbon dioxide variations in the stratosphere over Japan, Scandinavia and Antarctica. *Tellus B* **55**, 178-186.

Bell, R. E., & Seroussi, H.（2020）History, mass loss, structure, and dynamic behavior of the Antarctic Ice Sheet. *Science* **367**, 1321-1325.

Blunier *et al.*（1998）Asynchrony of Antarctic and Greenland climate change during the last glacial period. *Nature* **394**, 739-743.

Brocker, W. S.（1987）The biggest chill. *Natural History Magazine* **97**, 74-82.

Chubachi, S.（1984）Preliminary results of ozone observations at Syowa Station from February 1982 to January 1983. *Memoirs of National Institute of Polar Research. Special issue* **34**, 13-19.

Chylek, P. *et al.*（2010）Twentieth century bipolar seesaw of the Arctic and Antarctic surface air temperature. *Geophysical Research Letters* **37**, L08703. doi: 10.1029/2010GL042793

Dansgaard, W., & Johnsen, S. J.（1969）A flow model and a time scale for the ice core from Camp Century, Greenland. *Journal of Glaciology* **8**, 215-223. doi: 10.3189/S0022143000031208

EPICA community members（2006）One-to-one coupling of glacial climate variability in Greenland and Antarctica. *Nature* **444**, 195-198. doi: 10.1038/nature05301

Farman, J. G. *et al.*（1985）Large losses of total ozone in Antarctica reveal seasonal ClO_x/NO_x interaction. *Nature* **315**, 207-210.

Gloersen, P. *et al.*（1992）*Arctic and Antarctic Sea Ice, 1978-1987: Satellite passive-microwave observations and analysis.* NASA SP-511, 290p.

Goose, H. *et al.*（2018）Quantifying climate feedbacks in polar regions. *Nature Communications* **9**, 1919. doi: 10.1038/s41467-018-04173-0

Gorodetskaya, I. V. *et al.*（2014）The role of atmospheric rivers in anomalous snow accumulation in East Antarctica, *Geophysical Research Letters* **41**, 6199-6206. doi: 10.1002/2014GL060881

Goto, D. *et al.* (2017) Terrestrial biospheric and oceanic CO_2 uptakes estimated from long-term measurements of atmospheric CO_2 mole fraction, $\delta^{13}C$, and δ (O_2/N_2) at Ny-Ålesund, Svalbard. *Journal of Geophysical Research-Biogeosciences* **122**, 1192-1202. doi: 10.1002/2017JG003845

Goto-Azuma, K. *et al.* (2019) Reduced marine phytoplankton sulphur emission in the Southern Ocean during the past seven glacials. *Nature Communications* **10**, 3247. doi: 10.1038/s41467-019-11128-6

Grise, K. M. *et al.* (2009) On the role of radiative processes in stratosphere-troposphere coupling. *Journal of Climate* **22**, 4154-4161. doi: 10.1175/2009JCLI2756.1

Hirasawa, N. *et al.* (2000) Abrupt changes in meteorological conditions observed at an inland Antarctic station in association with wintertime blocking formation. *Geophysical Research Letters* **27**, 1911-1914. doi: 10.1029/1999GL011039

Honda, M. *et al.* (2009) Influence of low Arctic sea-ice minima on anomalously cold Eurasian winters. *Geophysical Research Letters* **36**, L08707. doi: 10.1029/2008GL0307079

Inoue, J. *et al.* (2012) The role of Barents Sea Ice in the wintertime cyclone track and emergence of a warm-Arctic cold-Siberian anomaly. *Journal of Climate* **25**, 2561-2568. doi: 10.1175/ JCLI-D-11-00449.1

IPCC (2013) *Climate Change 2013: The Physical Science Basis. Contribution of Working Group I to the Fifth Assessment Report of the Intergovernmental Panel on Climate Change* [Stocker, T.F., D. Qin, G.-K. Plattner, M. Tignor, S.K. Allen, J. Boschung, A. Nauels, Y. Xia, V. Bex and P.M. Midgley (eds.)]. *Cambridge University Press*, Cambridge, United Kingdom and New York, NY, USA, 1535p. doi: 10.1017/CBO9781107415324

IPCC (2018) Global Warming of 1.5°C: *An IPCC Special Report on the impacts of global warming of 1.5°C above pre-industrial levels and related global greenhouse gas emission pathways, in the context of strengthening the global response to the threat of climate change, sustainable development, and efforts to eradicate poverty* [Masson-Delmotte, V., P. Zhai, H.-O. Pörtner, D. Roberts, J. Skea, P.R. Shukla, A. Pirani, W. Moufouma-Okia, C. Péan, R. Pidcock, S. Connors, J.B.R. Matthews, Y. Chen, X. Zhou, M.I. Gomis, E. Lonnoy, T. Maycock, M. Tignor, and T. Waterfield (eds.)] .

IPCC (2019) IPCC Special Report on the Ocean and Cryosphere in a Changing Climate (SROCC). Chapter 3 [Meredith, M, Sommerkorn, M.], 173p.

Iwasaka, Y. (1986) Lidar measurement on the Antarctic stratospheric aerosol layer: [II] The changes of layer height and thickness in winter. *J. Geomagn. Geoelectr* **38**, 99-109.

Kawamura, K. *et al.* (2007) Northern Hemisphere forcing of climatic cycles in Antarctica over the past 360,000 years. *Nature* **448**, 912-916. doi: 10.1038/nature06015

Keeling, R. F. *et al.* (1996) Global and hemispheric CO_2 sinks deduced from changes in atmospheric O_2 concentration. *Nature* **381**, 218-221.

Keith, D. W. *et al.* (2018) A Process for Capturing CO_2 from the Atmosphere. *Joule* **2**, 1573-1594. doi: 10.1016/ j.joule.2018.05.006

Kohfeld, K. E., & Chase, Z. (2017) Temporal evolution of mechanisms controlling ocean carbon uptake during the last glacial cycle. *Earth and Planetary Science Letters* **472**, 206-215. doi: 10.1016/j.epsl.2017.05.015

Marshall, J. *et al.* (2014) The ocean's role in polar climate change: asymmetric Arctic and Antarctic responses to greenhouse gas and ozone forcing. *Philosophical Transactions of Royal Society A* **372**: 20130040. doi: 10.1098/rsta.2013.0040

Mawson, D. (1930) *The Home of the Blizzard:Being the Story of the Australasian Antarctic Expedition*, 1911-1914. Hodder & Soughton, London, 438p.

McCormic, M. P. *et al.* (1982) Polar stratospheric cloud sightings by SAM II. *Journal of Atmospheric Sciences* **39**, 1387-1397. doi: 10.1175/1520-0469 (1982) 039<1387:PSCSBS>2.0.CO;2

Nakamura, T. *et al.* (2015) A negative phase shift of the winter AO/NAO due to the recent Arctic sea-ice reduction in late autumn. *Journal of Geophysical Research-Atmospheres* **120**. doi: 10.1002/2014JD022848

Nakamura, T. *et al.* (2016) On the atmospheric response experiment to a Blue Arctic Ocean. *Geophysical Research Letters* **43**, 10,394-10,402. doi: 10.1002/ 2016GL070526

Newman *et al.* (2009) What would have happened to the ozone layer if chlorofluorocarbons (CFCs) had not been regulated? *Atmospheric Chemistry and Physics* **9**, 2113-2128. doi: 10.5194/acp-9-2113-2009

Nghiem, S. V. *et al.* (2012) The extreme melt across the Greenland ice sheet in 2012. *Geophysical Research Letters* **39**, L20502. doi: 10.1029/2012GL053611

Nicolas, J. P. & D. H. Bromwich (2014) New reconstruction of Antarctic near-surface temperatures: multidecadal trends and reliability of global reanalyses. *Journal of Climate* **27**, 8070-8093. doi: 10.1175/JCLI-D-13-00733.1

Parkinson, C. L. (2019) A 40-yr record reveals gradual Antarctic sea ice increases followed by decreases at rates far exceeding the rates seen in the Arctic. *PNAS* **116**, 14414-14423. doi: 10.1073/pnas.1906556116

Pedro, J. B. *et al.* (2018) Beyond the bipolar seesaw: Toward a process understanding of interhemispheric coupling. *Quaternary Science Reviews* **192**, 27-46. doi: 10.1016/j.quascirev.2018.05.005

Perovich, D. *et al.* (2019) Sea ice. Arctic Report Card 2019, [Richter-Menge, L., Druckenmiller, M. L., Jeffries, M. (eds.)] http://www.arctic.noaa. gov/Report-Card (viewed on 8 April 2020).

Polvani, L. M. *et al.* (2011) Stratospheric ozone depletion: The main driver of twentieth-century atmospheric circulation changes in the Southern Hemisphere. *Journal of Climate* **24**, 795-812. doi: 10.1175/2010JCLI3772.1

Rignot, E. *et al.* (2019) Four decades of Antarctic Ice Sheet mass balance from 1979-2017. *PNAS* **116**, 1095-1103. doi: 10.1073/pnas.1812883116

Salzmann, M. (2017) The polar amplification asymmetry: role of Antarctic surface height. *Earth System Dynamic* **8**, 323-336. doi: 10.5194/esd-8-323-2017

Sato, K. *et al.* (2009) Longitudinally Dependent Ozone Increase in the Antarctic Polar Vortex Revealed by Balloon and Satellite Observations. *Journal of Atmospheric Sciences* **66**, 1807-1820. doi:10.1175/2008JAS2904.1

Scott, R. F. (1913) *Scott's Last Expedition*; Vol. I. Being the journals of Captain R. F. Scott, R. N., C. V. O. Vol. II. arranged by L. Huxley, Smith, Elder & CO., London, 633p.

Shirakawa, T. *et al.* (2016) Meteorological and glaciological observations at Suntar-Khayata Glacier No.31, east Siberia, from 2012-2014. *Bulletin of Glaciological Research* **34**, 33-40. doi: 10.5331/bgr.16R01

Sigman, D. M. *et al.* (2010) The polar ocean and glacial cycles in atmospheric CO_2 concentration. *Nature* **466**, 47-55. doi: 10.1038/nature09149

Sinha, P. *et al.* (2017) Evaluation of ground-based black carbon measurements by filter-based photometers at two Arctic sites. *Journal of Geophysical Research-Atmospheres* **122**, 3544-3572. doi: 10.1002/2016JD025843

Solomon, S. (2001) *The Coldest March:Scott's fatal Antarctic Expedition. Yale University Press*, 383p.

Solomon, S. *et al.* (1986) On the depletion of Antarctic ozone. *Nature* **321**, 755-758. doi: 10.1038/321755a0

Storalski, R. S. *et al.* (1986) Nimbus 7 satellite measurements of the springtime Antarctic ozone decrease. *Nature* **322**, 808-811.

Takata, K. *et al.* (2017) Reconciliation of top-down and bottom-up CO_2 fluxes in Siberian larch forest. *Environmental Research Letters* **12**, 125012. doi: 10.1088/1748-9326/aa926d

Takeuchi, N. *et al.* (2014) Spatial variations in impurities (cryoconite) on glaciers in northwest Greenland. *Bulletin of Glaciological Research* **32**, 85-94. doi: 10.5331/bgr.32.85

Tei, S. *et al.* (2017) Radial Growth and Physiological Response of Coniferous Trees to Arctic Amplification. *Journal of Geophysical Research: Biogeosciences* **122**, 2786-2803. doi: 10.1002/2016JG003745

Thompson, D. W. J. & Solomon, S. (2002) Interpretation of recent Southern Hemisphere climate change. *Science* **296**, 895-899.

Tsutaki, S. *et al.* (2017) a Surface mass balance, ice velocity and near-surface ice temperature on Qaanaaq Ice Cap, northwestern Greenland, from 2012 to 2016. *Annals of Glaciology* **58**,181-192. doi: 10.1017/aog.2017.7

Turner, J. *et al.* (2007) An Arctic and Antarctic perspective on recent climate change. *International Journal of Climatology* **27**, 277-293. doi: 10.1002/joc.1406

Turner, J. *et al.* (2016) Absence of 21st century warming on Antarctic Peninsula consistent with natural variability. *Nature* **535**, 411-415. doi: 10.1038/nature18645

Uemura, R. *et al.* (2018) Asynchrony between Antarctic temperature and CO_2 associated with obliquity over the past 720,000 years. *Nature Communications* **9** doi: 10.1038/s41467-018-03328-3

Wild, M. *et al.* (2013) The global energy balance from a surface perspective. *Climate Dynamics* **40**, 3107-3134. doi: 10.1007/s00382-012-1569-8

WMO (2018) Scientific Assessment of Ozone Depletion: 2018, Global Ozone Research and Monitoring Project-Report No. 58, World Meteorological Organization (WMO), Geneva, Switzerland, 2018, 588p.

Wood, K. R., & Overland, J. E. (2006) Climate lessons from the first International Polar Year. *Bulletin of the American Meteorological Society* **87**, 1685-1698. doi: 10.1175/BAMS-87-12-1685

Yamada, K., & Hirasawa, N. (2018) Analysis of a record-breaking strong wind event at Syowa Station in January 2015. *Journal of Geophysical Research: Atmospheres* **123**, 13,643-13,657. doi: 10.1029/2018JD028877

Yamanouchi, T. (2011) Early 20th century warming in the Arctic: A review. *Polar Science* **5**, 53-71. doi: 10.1016/j.polar.2010.10.002

Yamanouchi, T. (2019) Arctic warming by cloud radiation enhanced by moist air intrusion observed at Ny-Ålesund, Svalbard. *Polar Science* **21**,110-116. doi:10.1016/j.polar.2018.10.009

Yamanouchi, T., & Charlock, T. P. (1997) Effects of clouds, ice sheet, and sea ice on the Earth radiation budget in the Antarctic. *Journal of Geophysical Research: Atmospheres* **102**, 6953-6970

Yasunaka, S. *et al.* (2016) Mapping of the air-sea CO_2 flux in the Arctic Ocean and its adjacent seas: Basin-wide distribution and seasonal to interannual variability. *Polar Science* **10**, 323-334. doi: 10.1016/j.polar.2016.03.006

Yoshimori, M. *et al.* (2014) Robust seasonality of Arctic warming processes in two different versions of the MIROC GCM. *Journal of Climate* **27**, 6358-6375. doi: 10.1175/jcli-d-14-00086.1

Yoshizawa, E. *et al.* (2015) Delayed responses of the oceanic Beaufort Gyre to winds and sea ice motions: influences on variations of sea ice cover in the Pacific sector of the Arctic Ocean. *Journal of Oceanography* **71**, 187-197. doi: 10.1007/s10872-015-0276-6

Zwally, H. J. *et al.* (2014) GLAS/ICESat L2 Global Land Surface Altimetry Data (HDF5) **34**. doi: 10.5067/ICESAT/GLAS/DATA211

図表の出典

図 1.1
高橋, 2018

図 2.2
Bell & Seroussi, 2020

図 2.3
Arctic Portal

図 2.4
熱塩循環のコンベアーベルト；
Brocker, 1987

図 2.5
Gloersen, P. *et al.*, 1992

図 2.8
(上) 冨川喜弘氏作成
(下) 井上, 1988

図 2.9
鈴木香寿恵氏作成；データは ERA-40

図 2.10
鈴木香寿恵氏作成；データは ERA-40

図 3.2
IPCC, 2013；出典 Wild *et al.*, 2013

図 3.3
Yamanouchi & Charlock, 1997

図 3.4
1901–2000 年平均よりの偏差；
NOAA Climate at a Glance;
https://www.ncdc.noaa.gov/cag/

図 3.5
IPCC, 2013

表 4.1
National Institute of Polar Research

図 4.1
国立極地研究所編, (2016)「急変する北極機構システム及びその全球的な影響の総合的解明」GRENE 北極気候変動研究事業 2011-2016 成果報告書. 269p, https://www.nipr.ac.jp/grene.

図 4.2
千葉大学, 鷹野敏明氏提供

図 4.3
HadCRUT4 より作成

図 4.4
吉森，2014；Yoshimori *et al.*, 2014

図 4.5
Perovich *et al.*, 2019；データは
NSIDC Sea Ice Index

図 4.6
ADS/JAXA

図 4.7
Sinha *et al.*, 2017

図 5.1
IPCC, 2019

図 5.2
杉山，2018

図 5.3
内田雅己氏写真

図 5.4
Goto *et al.*, 2017

図 5.5
Goto *et al.*, 2017

図 5.6
Takata *et al.*, 2017

図 5.7
Yasunaka *et al.*, 2016

図 5.8
Nakamura *et al.*, 2016

図 5.9
Nakamura *et al.*, 2015

図 6.1
気象庁データより作成

図 6.2
Sato *et al.*, 2009；気象庁データ

図 6.3
https://ozonewatch.gsfc.nasa.gov/

図 6.4
巻出義紘氏提供

図 6.8
気象庁データより作成

図 6.9
PANSY パンフレット

図 6.11
Yamada & Hirasawa, 2018

図 6.12
Hirasawa *et al.*, 2000

図 7.1
READER データより作成

図 7.2
Terra 衛星 MODIS 画像

図 7.3
Turner *et al.*, 2007

図 7.4
気象庁データより作成

図 7.5
Goose *et al.*, 2018

図 7.6
Marshall *et al.*, 2014

図 7.7
Chylek *et al.*, 2010

図 7.8
Parkinson, 2019

図 7.9
IPCC, 2019

図 7.10
Rignot *et al.*, 2019

図 7.11
極, 2014

図 8.1
藤井理行氏提供

図 8.2
藤井, 2006

図 8.3
Uemura *et al.*, 2018

図 8.4
川村, 2011

図 8.5
EPICA community members, 2006

図 8.6
EPICA community members, 2006

図 9.1
SWIPA Fact Sheet, AMAP, 2017

図 9.2
SROCC, IPCC, 2019

表 9.1
Antarctic Treaty Secretariat

索 引

著者紹介
山内 恭（やまのうち・たかし）
理学博士．国立極地研究所名誉教授，特任教授，総合研究大学院大学名誉教授．1973 年東京工業大学理学部応用物理学科卒業，1978 年東北大学大学院理学研究科地球物理学専攻博士課程修了．東北大学理学部助手，国立極地研究所助手，助教授，教授を歴任．総合研究大学院大学極域科学専攻併任．南極観測隊には 4 度参加，第 38 次隊の隊長兼越冬隊長，第 52 次隊の隊長兼夏隊長を務める．そのほか，北極観測に従事，GRENE 北極気候変動研究プロジェクト・マネージャー．専門は大気科学，極域気候学．著書に『南極・北極の気象と気候（気象ブックス027）』（成山堂書店，2009）などがある．

サイエンス・パレット 037
南極と北極 —— 地球温暖化の視点から

令和 2 年 12 月 15 日　発　行

著作者　　　山　内　　　恭

発行者　　　池　田　和　博

発行所　　　**丸善出版株式会社**

〒101-0051 東京都千代田区神田神保町二丁目 17 番
編集：電話 (03)3512-3265／FAX (03)3512-3272
営業：電話 (03)3512-3256／FAX (03)3512-3270
https://www.maruzen-publishing.co.jp

組版／株式会社明昌堂／印刷・製本／大日本印刷株式会社

ISBN 978-4-621-30574-4　　C 0345　　　　　Printed in Japan